“十一五”国家重点图书出版规划项目

数学文化小丛书

李大潜　主编

# 遥望星空（一）

## ——人类怎样开始认识太阳系

齐民友

高等教育出版社·北京

**图书在版编目（CIP）数据**

遥望星空．1．人类怎样开始认识太阳系 / 齐民友．
—北京：高等教育出版社，2008.6（2024.1重印）
（数学文化小丛书 / 李大潜主编）
ISBN 978-7-04-023652-1

Ⅰ．遥… Ⅱ．齐… Ⅲ．太阳系—普及读物 Ⅳ．P18-49

中国版本图书馆 CIP 数据核字（2008）第 057175 号

项目策划　李艳馥　李　蕊

策划编辑　李　蕊　　责任编辑　崔梅萍　　封面设计　王凌波
责任绘图　杜晓丹　　版式设计　王艳红　　责任校对　朱惠芳
责任印制　田　甜

| | | | |
|---|---|---|---|
| 出版发行 | 高等教育出版社 | 咨询电话 | 400-810-0598 |
| 社　　址 | 北京市西城区德外大街4号 | 网　　址 | http://www.hep.edu.cn |
| 邮政编码 | 100120 | | http://www.hep.com.cn |
| 印　　刷 | 中煤（北京）印务有限公司 | 网上订购 | http://www.landraco.com |
| | | | http://www.landraco.com.cn |
| 开　　本 | 787×960　1/32 | | |
| 印　　张 | 3.25 | 版　　次 | 2008年6月第1版 |
| 字　　数 | 57 000 | 印　　次 | 2024年1月第17次印刷 |
| 购书热线 | 010-58581118 | 定　　价 | 10.00 元 |




物 料 号　23652-00

# 数学文化小丛书编委会

# 数学文化小丛书总序

整个数学的发展史是和人类物质文明和精神文明的发展史交融在一起的。数学不仅是一种精确的语言和工具，不仅是一门博大精深并应用广泛的科学，而且更是一种先进的文化。它在人类文明的进程中一直起着积极的推动作用，是人类文明的一个重要支柱。

要学好数学，不等于拼命做习题、背公式，而是要着重领会数学的思想方法和精神实质，了解数学在人类文明发展中所起的关键作用，自觉地接受数学文化的熏陶。只有这样，才能从根本上体现素质教育的要求，并为全民族思想文化素质的提高夯实基础。

鉴于目前充分认识到这一点的人还不多，更远未引起各方面足够的重视，很有必要在较大的范围内大力进行宣传、引导工作。本丛书正是在这样的背景下，本着弘扬和普及数学文化的宗旨而编辑出版的。

为了使包括中学生在内的广大读者都能有所收益，本丛书将着力精选那些对人类文明的发展起过重要作用、在深化人类对世界的认识或推动人类对世界的改造方面有某种里程碑意义的主题，由学有专长的学者执笔，抓住主要的线索和本质的内容，由浅入深并简明生动地向读者介绍数学文化的丰富内涵、数学文化史诗中一些重要的篇章以及古今中外一些著名数学家的优秀品质及历史功绩等内容。每个专题篇幅不长，并相对独立，以易于阅读、便于携带且尽可能降低书价为原则，有的专题单独成册，有些专题则联合成册。

希望广大读者能通过阅读这套丛书，走近数学、品味数学和理解数学，充分感受数学文化的魅力和作用，进一步打开视野，启迪心智，在今后的学习与工作中取得更出色的成绩。

李大潜

2005年12月

# 目　　录

# 一、引　　子

图 1　Twinkle, twinkle, little star...

这一幅美丽的图画一定会引起我们的遐想：谁不曾经历过这种美好的时刻？它是我们儿时的回忆，它是流传了多少年的童谣. 恐怕每个人都会唱一首歌曲：

| | |
|---|---|
| Twinkle, twinkle, little star, | 小星星，眨眼睛， |
| How I wonder what you are. | 你是什么小精灵？ |
| Up above the world so high, | 离开尘世高又远， |
| Like a diamond in the sky. | 好比钻石挂天心. |
| Twinkle, twinkle, little star, | 小星星，眨眼睛， |
| How I wonder what you are! | 你是什么小精灵？ |

这首童谣已有一百多年的历史了.但是你想过没有,这图上的星星是什么星?人类也是从自己的童年(也就是从遥远的古代)就为星空着迷. 这既是实践的需要: 航海、农事都少不了天文知识, 同时也是精神的需要: 祭祀、祈福、迷信、宗教, 都离不了它. 更重要的是, 它是诗歌、艺术, 特别是科学的源泉. 我们看到了星空的广阔无垠和无比深邃. 星星也在看着我们. 星星也看到了无比深邃和广阔无垠, 那是人类的思想、智慧和人类的感情.

但是要想认识广阔无垠的星空, 人类只能从最接近的太阳系开始. 所以在这本小书里, 我们想从数学角度看看, 星星给了我们什么数学的启示, 数学又怎样让我们开始了解太阳系.

# 二、古代宇宙的图景——地心说

## 亚里士多德和地心说

上面我们说了，从远古时代，人类就关注着遥远的星体．各个民族(包括我国)都有自己的“创世纪”．但是超出神话的、有理性的学说，就要从古希腊说起了．这可能是因为人的理性和逻辑思维，在希腊特别受到了重视．最早的希腊学者之一是毕达哥拉斯(Pythagoras，约公元前530年)．他率领自己的弟子们在今意大利南部的克罗顿（Croton）建立了一个学派．这个学派的主张是“宇宙即数”，认为数包含了宇宙最深的奥秘．例如，10表示完美．所以他们认为星空中应该有10个天体．这个学说认为，宇宙的中心是一团火(hearth of the universe)，其外是5个行星（5 planets）(当时人们只知道五个行星)，然后有日（sun），月（moon），地(earth)．一共才九个，所以还要再添一个“反地(counter-earth)”一共凑成十个．这样一来，宇宙就完美无缺了．恒星则在外面，毕达哥拉斯没有考虑．

我们不要嘲笑老祖宗. 毕达哥拉斯的宇宙图景, 虽然缺少观测的基础, 却表现了一种重要的认识: 宇宙必服从深层的规律, 而这种规律是数学规律. 宇宙是完美的, 表现为: 数10是完美的, 圆形和球形也是完美的. 宇宙深层的规律是数学规律, 这一思想一直延续到伽利略以后; 用圆形和球形来刻画天体的运动, 也一直到开普勒才改变. 在人类思想史上, 宇宙深层的规律是数学规律这一认识, 无疑是由毕达哥拉斯开创的. 这些思想被柏拉图继承了, 也被亚里士多德继承了. 柏拉图和亚里士多德的宇宙图景, 都具有思辨的色彩: 他们都是从某些原则而不是观测结果开始, 例如从"宇宙必须是完美的"开始, 然后再推论到各种具体事项. 这些原则被当作至上的, 所以称为"形而上"; 与此相对, 具体的、物质的东西就成了"形而下"的. 在人类历史的古老时代, 人对宇宙的认识必然具有浓厚的形而上学色彩. 亚里士多德的宇宙图景, 也不例外.

亚里士多德(前384—前322)和柏拉图一起, 是最有影响的希腊哲学家. 亚里士多德是柏拉图的学生, 然而见解却不相同. "吾爱吾师, 吾尤爱真理"据说就是亚里士多德谈论自己与老师柏拉图的分歧时的名言. 亚里士多德和柏拉图的分歧之一在于, 他认为柏拉图过分强调了数学的重要性. 确实, 亚里士多德不是数学家, 也不是天文观察者. 他对于数学发展具体的贡献不多, 宁可说, 他之影响数学, 在于他开创了逻辑学. 我们都知道的三段论法就是亚里士多德的贡献. 亚里士多德关于宇宙的学说, 主要见于他的《物理学》(*Physics*) 和《论天》(*de Caelo*)两书. 在其中, 亚里士多德认为宇宙是有中心的、有限的. 因为如果宇宙无限, 它就不可能有中心. 这个中心就是地球. 地球和其他星体都是球形的, 因为球形是最完美的图形. 宇宙分为地界和天界, 除了地球以外其他天体都属于天界, 都嵌在水晶球上. 一共有10个水晶球, 从最内的地球, 依次向外是月球、水星、金星、太阳、火星、木星、土星和恒星的住处. 最外面的是"永动天". 所谓恒星, 并不是位置完全不动的星球, 而是说它相对于其他恒星的位置不变. 例如北斗七星, 尽管一年四季和每天深夜和第二天破晓, 它的位置和那个杓柄的方向都不同, 但是它总是那个大杓挂在北方的天空, 和其他天体的相对位置是不变的. 至于行星, 其位置相对于恒星是变动

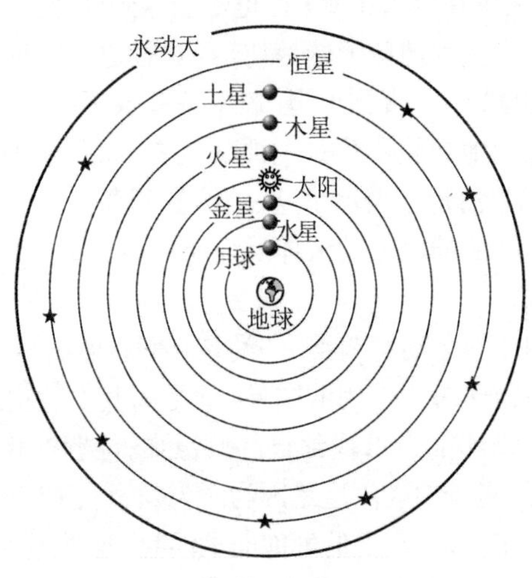


图 2　亚里士多德的宇宙 (1)

的. “行星”一词在英文中是*planet*, 来自希腊文的“漫游者”一词. 至于永动天, 那是宇宙的遥远的边界. 它是一个永远匀速转动的水晶球, 它的转动带动了所有星球都在转动.

这些星球和永动天是什么构成的呢?在亚里士多德的时代, 希腊人认为, 宇宙间一切事物都由四种基本元素构成. 它们就是火、气、水、土. 亚里士多德认为, 这种组成适合于地界. 地上的东西是可变动、不完全的, 可以衰败腐朽; 而天界里的天体既是完美的, 它们就不能由不完美的四种元素构成. 所以亚里士多德又加上了第五种元素:以太. 后世的物理学家们常用这个名词, 可能一直到爱因斯坦为止. 亚里士多德当然完全没有后代关于以太的思想. 在亚里士多德的理论中, 以太没有定形, 没有轻重, 无处不在; 天体在以太中穿行, 也不会遇到任何阻碍. 亚里士多德认为地球上的一切, 都是普通的四种元素, 而从月球以上, 直到恒星, 就渐渐变成了以太. 永动天以外的地方就不再是物质的世界, 而是精神的世界. 图3就清楚地表示了这一点. 这里当然有了矛盾: 何以最纯洁的以太的天体反而要以不完美的地球为中心呢?

物体的运动有两类, 一类是它们自然的运动, 并非其他物体对它作用的结果, 而是由其本性决定的: 每一个物体都力求找到自己“自然的位置”. 例如山上的石头会向下落, 这是因为石头是土, 而土的自然的位置在下方. 水里的气泡向上浮起, 这是因为气泡里面是气, 而气的自然的位置在上方. 总之, 这些自然的物质元素的运动都是直线运动. 然而, 天体应该是完美无缺的, 它的轨迹当然应该是一种最完美的几何图形, 这就是圆或者球. 所以, 天体的运动是匀速的圆周运动, 而这些圆周各位于自己的球面上 (天体本身也是球形的). 这些球面必以地球为中心. 因为地球既然是土, 它的各个部分都得向下掉落, 掉到地心去, 地心也必然是宇宙的中心. 另一类运动是物体被迫的运动, 要产生这种运动就得有原因, 这就是"力". 不过我们要注意, 亚里士多德的时代不可能有我们现代关于力的概念(到了牛顿时代才完成), 许多其他的最简单的物理或力学概念如动量、质量、惯性等也都如此.

图 3　亚里士多德的宇宙(2)

这里还涉及地球为球形的问题. 在亚里士多德的时代, 这已经是航海家和学者们的共识了. 亚里士多德还知道, 月食时的阴影为圆形, 正是地球为球形的证据. 从我们做小学生起, 学校和各种图书都告诉我们, 是哥伦布发现了地球是球形的. 这是一个误会. 在哥伦布的年代, 就是14—15世纪, 尽管不少人还以为地是平的, 地的外面是大海或者无法翻越的高山, 地的边上有四根大柱子, 大柱子由一只大乌龟驮着, 乌龟又站在什么东西的背上, 如此等等. 很可能, 你的爷爷奶奶就给你讲过这样的故事. 水手们最知道这只是一个故事. 你想, 如果地的外边就是大海, 海的尽头又有什么呢?船走到这个尽头岂不就"掉下去了"吗?其实哥伦布和许多人一样, 知道地球是球形的, 但是他把地球估计得太小了, 以为他的小船队就足以环绕地球一周了. 所以当他到达了加勒比海的岛屿时, 他真的以为自己已经完成了环绕地球的壮举!

亚里士多德的宇宙图景(或者说"宇宙模型", 以后我们就都这样说)有什么缺点呢?首先, 它太复杂. 图2上画了九个球面只是一个大概. 其次, 它只是一个定性的模型. 可以说, 亚里士多德没有"数据"的概念. 在亚里士多德的著作里, 找不到列成表的数据. 更突出的是, 它不能解释许多重要的现象. 例如, 它不能说明何以月面的面积在一个月之内有10%的变化, 也不能说明为什么星球的亮度也是变化的. 特别是, 它不能说明"逆行"现象的原因. 什么是逆行现象?按照我们熟悉的日心说, 地球沿自己的公转轨道东行, 相对于此, 我们会看到恒星由东向西运行. 就是说, 例如北斗星今天在天球的某个位置, 明天再去看它,它却向西移动了一点. 但是行星却不一样,有时它会逆转方向由西向东移动. 这就叫做逆行现象. 尤其是火星,逆行现象十分明显. 图4 [①]就是火星逆行的照片. 它非常引人注目,但是只需要很初等的数学知识就能解释它,而且最好不过地说明了日心说何以更优越. 所以我们将在讨论哥白尼的学说时再详细讨论.

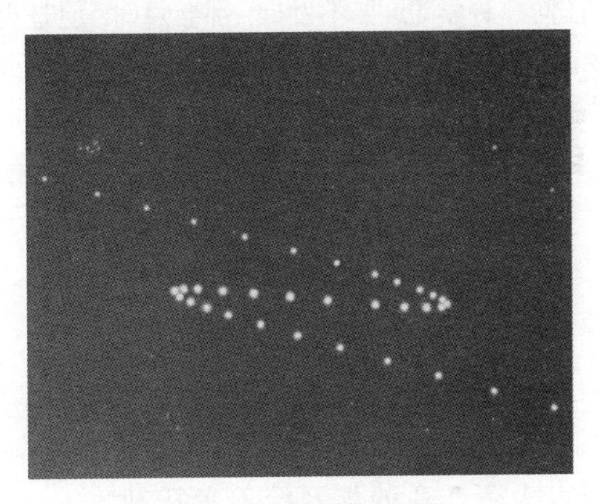

图4 火星的逆行运动

许多书上喜欢说亚里士多德的学说是错误的. 我以为,这个说法很难说服人. 地心说是最容易为人们接受的. 因为谁都有这样的经验:每个昼夜,

---

① 见NASA网站的"今日天文图"(Astroncmical Picture of the Day,以下我们在引用这个网站时就简称APOD),发表于2006 年4月22日. 右下角是火星2005年7月的位置,左上角则是它2006年2月的位置. 每周拍摄一次,放在一张照片上就成此图.

我们都看见日月星辰从东方地平线升起, 又向西方地平线下落, 划出一个个完美的圆形. 地心说由此有深厚的直觉基础. 同时, 亚里士多德的学说是第一个摆脱了神话和迷信的宇宙图景(宇宙模型). 它认为宇宙有自己的规律, 不需要神的参与, 这就为科学地研究天体开辟了道路. 亚里士多德的学说确实曾经阻碍了人们的思想, 这一方面是因为科学在发展, 任何一种学说, 如不发展, 都会过时, 但是更多的是由于宗教对于人类思想的束缚. 这一点, 下面还要详细讨论.

## 托勒玫的地心说

对于托勒玫的生平事迹我们所知甚少, 只在大体上知道他是公元1—2世纪之间的亚历山大里亚天文学家.（但是请注意, 不要把他和亚历山大大帝任命的埃及统治者托勒玫(Ptolemy Soter)混成一个人.）托勒玫的宇宙模型仍然是亚里士多德的地心模型, 但是有很大的修正, 可以说是一个数学化了的亚里士多德地心说. 这是因为在托勒玫生活和工作的时期, 亚里士多德的时代已经过去了好几个世纪, 其间, 数学和天文学都有了长足的发展. 托勒玫的著作中包括了许多重要希腊学者(其中最重要的是希巴谷(Hipparchus)和阿波罗尼乌斯(Apollonius))的成就. 他又深受欧几里得《几何原本》的影响, 所以他的基本著作*Almagest*[①]完全符合欧几里得的规范，写得中规中矩. 从亚里士多德到托勒玫的几个世纪中，天文学的实际应用也有极大的发展，这些应用要求对天体的位置作出精确的预测，这当然只能由数学方法来完成. 托勒玫的*Almagest*就是完成这个任务的杰作. 它不但概括了这个时期的希腊天文学的成就，而且以极大的独创性添加了自己的贡献. 同时，它又系统地给出了平面和球面三角学的知识. 它既是内容丰富的百科全书，又是出色的教材，堪与欧几里得的《几何原本》比美. 在哥白尼出现以前的一千多年内，它的地位是不能取代的.

前面我们讲到了亚里士多德宇宙模型的许多缺点，现在看一下托勒玫是怎样解决这些问题的.

既然说行星在以地球为中心的圆周轨道上的运动不能完全与实际观测相符，托勒玫就再作一些小圆并令小圆的圆心在原来的大圆上运动，而行星则在小圆圆周上运动(图5). 大圆称为"均轮(deferent)"，小圆称为"本轮(epicycle)". (而图5上的$Q, E$是进一步精确化之所需，我们在这里不去讨论了，而认为$Q, C, E$就是一个点$E$. )$F$则是本轮圆心，$M$是行星. 这样，托勒玫立刻就可以对于逆行现象作出解释:如果我们在地球$Q$上观测行

① 这本书本来有一个比较平实的书名《数学汇编》(*Syntaxis of Mathematics*)，*Almagest* 则是它的夸张的阿拉伯文书名. Al 就是阿拉伯文中的the，magest 就是英文的majestic，所以*Almagest*就是《巨著》.

星$M$, 如果$M$的位置在$CA$延长线上$A$的上方, 它的运动方向是逆时针方向, 而当$M$继续运行到线段$CA$内侧时, 它的运行方向自然会变为顺时针方向, 逆行现象就此得到解释(但是出现逆行运动的原因托勒玫则无法解释). 与此类似, 行星亮度的变化, 也可以得到解释:行星在本轮上处于不同位置时, 它与地球的距离也不同, 所以亮度不同.

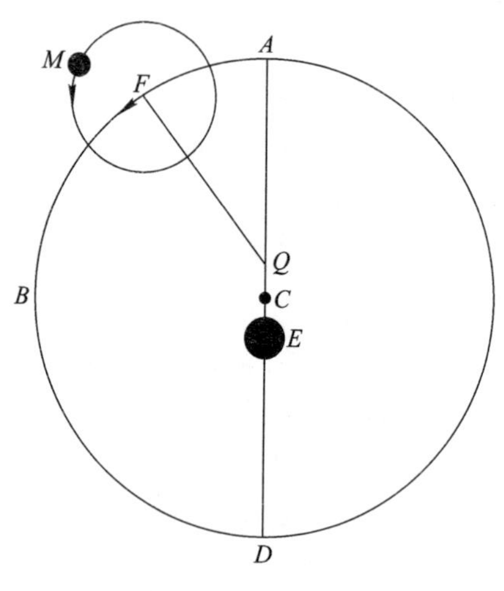


图5　本轮与均轮

但是, 这些解释仍然只是定性的, 与实际预测行星的位置要求距离还远. 为了进一步把这个模型数学化, 也为了理解托勒玫为什么要研究三角函数, 我们用向量来描述行星的逆行现象(向量的概念到19世纪才成熟, 所以我们这里是用今人的观点来看古人). 行星$M$相对于地球球心(上面我们说过, 现在我们假设地球球心就位于均轮中心)$E$的位置应该用向量$\overrightarrow{EM}$来刻画, 而$\overrightarrow{EF}$, $\overrightarrow{FM}$则分别表示本轮中心$F$对地球球心$E$的位置以及行星$M$对于本轮中心$F$的位置. 向量的加法法则告诉我们

$$\overrightarrow{EM} = \overrightarrow{EF} + \overrightarrow{FM}$$

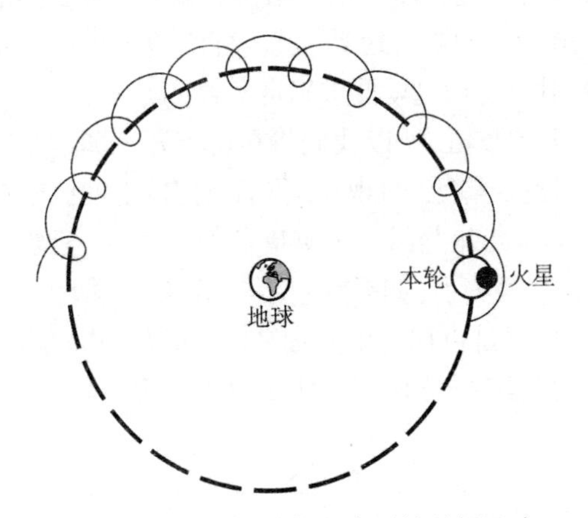


图6　用本轮与均轮解释火星的逆行运动

但是按照托勒玫的想法, $F$绕$E$的运动和$M$绕$F$的运动都是匀速旋转(那时还不可能有非匀速旋转的概念, 而且按照亚里士多德的要求, 匀速旋转是最完美的运动), 所以

$$\overrightarrow{EF} = R_F[\cos(\omega_F t + \varphi_F)\vec{i} + \sin(\omega_F t + \varphi_F)\vec{j}]\,,$$
$$\overrightarrow{FM} = R_M[\cos(\omega_M t + \varphi_M)\vec{i} + \sin(\omega_M t + \varphi_M)\vec{j}]\,.$$

这里 $\vec{i}$, $\vec{j}$ 分别是$x$轴与$y$轴方向的单位向量, $R_F, \omega_F$是向量$\overrightarrow{EF}$的长度和它绕中心旋转的圆频率, $\varphi_F$是当$t=0$时向量$\overrightarrow{EF}$的倾角. $R_M, \omega_M, \varphi_M$的意义仿此可知. 因此, 向量$\overrightarrow{EM}$在两个坐标轴上的分量都是时间$t$的函数:

$$x = R_F \cos(\omega_F t + \varphi_F) + R_M \cos(\omega_M t + \varphi_M)\ ,$$

$$y = R_F \sin(\omega_F t + \varphi_F) + R_M \sin(\omega_M t + \varphi_M)\ .$$

这就是行星运行轨道的参数方程式. 如果要想准确地了解行星的逆行运动, 就要仔细地分析这个轨道曲线的性质, 而这就要求确定参数$R_F$, $\omega_F$, $\varphi_F$; $R_M$, $\omega_M, \varphi_M$的数值. 所以我们将在讲到开普勒定律以后再来讨论逆行运动. 现在, 我们只把以上的讨论总结如下:如果行星是沿一个圆周作匀速旋转, 只要一个向量$\overrightarrow{EM}$就够了; 如果嫌它不够精确, 就再增加一个本轮, 也就是再加一个向量$\overrightarrow{FM}$. 如果还不够精确怎么办? 托勒玫的回答很简单: 再加一个本轮. 用我们

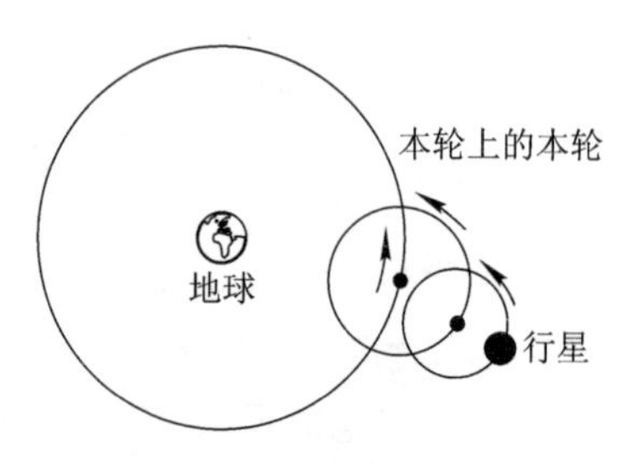


图7　本轮上再加本轮

的语言来说, 就是再加一个向量(图7). 于是人们大叫:这太复杂了, 谁受得了?确实, 托勒玫当时已经用

到28个本轮了. 但是问题并不在此. 每当一个数学问题过于复杂时, 人们总要用简单的情况去近似处理它. 甚至到今天, 这仍然是最基本的方法. 所以, 以最简单的匀速旋转来逼近复杂的运动是很自然的事. 但是, 托勒玫的情况还不是如此. 首先, 我们不知道托勒玫是否已经有了逼近的思想;更重要的是, 托勒玫仍然继承了亚里士多德关于沿圆周作匀速旋转是最完美的运动形式的主张, 力求把行星的运动归结为匀速旋转, 而刻画这种运动的数学工具当然就是三角函数. 所以, 系统地讨论三角函数, 对于托勒玫, 既符合亚里士多德关于最完美的运动形式的观念, 也符合托勒玫关于把亚里士多德宇宙图景数学化定量化的需要. 他在*Almagest*一书中系统地总结了古希腊学者们研究三角函数的成就. 但是, 托勒玫研究三角函数的方法, 与我们现行教材中所用的方法不同, 完全是欧几里得初等几何的方法.

## 地心说与基督教

科学与宗教的斗争是一个长期艰苦的过程. 它一直延续到今天. 宇宙是什么样的?它的结构如何?是什么在驱动宇宙, 使它运动、变化、发展?这当然也是科学与宗教斗争的战场. 这就需要从希腊的衰亡讲起.

大约在公元前2世纪, 据说在罗马人攻占叙拉古城(阿基米德住在这里)时, 发生了一件令人欷歔不已的事情: 阿基米德正在画他的几何图形, 一个罗马士兵闯了进来, 阿基米德厉声呵责, 叫他们别弄坏了这些图形. 罗马士兵一怒之下, 杀死了阿基米德. 人们为此感叹, 认为这标志了希腊文明的衰落. 代之而起的罗马文明确实很不关心数学和天文学, 在整个罗马帝国统治下, 关于数学和天文学确实没有什么可以称道的成绩. 后来兴起的基督教, 关心的是赞颂上帝的伟大, 坚定人对上帝的信仰, 以求进入天堂. 基督教认为希腊人是异教徒(pagan), 希腊人的文明自然也是应该清算的, 希腊典籍则作为异教徒的信仰被大量焚毁. 其实反对科学的也不是只有基督教. 阿拉伯人占领了亚历山大城, 一把火烧掉了著名的图书馆, 用藏书烧热水就是一例. 从此, 欧洲进入了黑暗时期. 残存的希腊学者们, 流落到东罗马帝国, 许多希腊典籍也就流传到阿拉伯人手上, 译成阿拉伯文. 一直到公元10—11世纪, 先是由于十字军东征, 后来则是奥斯曼帝国兴起, 这些文献又流传回欧洲, 而且译为拉丁文, 开始广泛流传.

在一开始, 天主教会并不接受这些希腊思想. 然而亚里士多德和托勒玫的地心说在一个侧面确实适合天主教、犹太教以及伊斯兰教的口味. 因为上帝造了人, 人是上帝的宠儿, 所以上帝把人的住所——地球放在宇宙的中心, 这是最自然的了. 人应该安分守己. 所以天主教着手把基督教义与亚里士多德的学说结合起来. 从那以后, 亚里士多德成了谁也不得冒犯的权威. 就这一方面而言, 罗素讲了一段很有道理的话[1]: "他(指亚里士多德的学说)在科学方面也正如在哲学方面一样, 始终是对于进步的一个严重障碍. 自从17世纪初叶以来[2], 几乎每种认真的知识进步都必定是从攻击某种亚里士多德的学说而开始的……"

到了中世纪, 天文学、数学以及一般的科学研究已经完全从属于天主教的教义. 亚里士多德的学说成了用以解释天主教教义的工具. 科学成了"神学的婢女", 这说得完全符合当时的实际情况. 更重要的是, 天主教不仅是对思想的束缚, 甚至是一种残酷的镇压力量. 天主教并不是泛泛地反对日心说: 如果只是把日心说当作一种计算技巧, 或者说, 为了某种实际的需要, 某种程度的日心说仍然是可以容忍的. 例如利玛窦等耶稣会传教士, 为了能在中国站住脚, 就说他们能更准确地预测日食. 他们自己说, 所用的方法是第谷·布拉厄(Tycho Brahe)的方法而非托勒玫的方法. 因为第谷·布拉厄的方法结果更加准确. 但是如果涉及日心说与地心说哪一个是真理, 这就会涉及天主教会统治的根本利益, 这时天主教会就没有客气可说了. 布鲁诺就是一个好的例子. 布鲁诺 (Giordano Bruno), 1548年出生于意大利的诺拉(Nola), 并不是一个天文学家或数学家, 而是一个哲学家. 他的基本著作《论无限的宇宙和无限多个世界》(*On the Infinite Universe and Worlds*) 出版于1583—1585年. 他坚定地捍卫哥白尼的日心

① 见罗素《西方哲学史 (上卷)》, 200页, 商务印书馆, 1982年.
② 这是指哥白尼和伽利略的科学革命.

说, 而且在此书中还进一步指出, "有无限多个太阳和无限多个地球各绕自己的太阳旋转, 正如我们的太阳系中的七个行星绕着太阳转一样. 我们只能看见太阳, 因为它们是最大的而且发光的物体, 我们看不见它们的行星, 因为行星比较小而且不发光. 宇宙中的无限多个世界, 并不比我们的地球差, 而且同样适合居住." 著名的数学家和物理学家外尔(Hermann Weyl)在他的《数学与自然科学之哲学》[①] (*Philosophy of Mathematics and Natural Science*)一书中说了一段大意如下的话: 整个基督教教义的基础, 即上帝为了给人赎罪, 让自己的爱子耶稣被钉上了十字架, 耶稣又复活了, 回到了天国. 现在这个"故事"成了走村串镇的戏班子的节目. 因为火星, 水星, 金星……上面都有人, 那么, 上帝从哪里找来那么多的儿子, 也为他们上十字架赎罪, 然后再复活呢? 布鲁诺既从根本上动摇了基督教义, 又勇敢地捍卫真理, 当然是天主教廷决不能容忍的. 宗教裁判所对布鲁诺的审判证明了外尔这一段话是非常确切的. 在宗教裁判所面前布鲁诺宣布他没有什么可以悔过. 1600年2月8日, 他被宣判火刑处死, 他的著作在罗马圣彼得教堂前当众火化, 永远列入禁书目录. 对此布鲁诺作了著名的回答: "你们这些判刑的人, 比我这个受刑的人还更加惧怕." 当他被绑上火刑柱时, 一个教士拿来了十字架要他亲吻, 他愤怒地把头转开, 说自

① 中译本已由上海科技教育出版社出版. 此处的引文见 § 16, 中文本123页.

己愿意作为一个烈士而死，他的灵魂将随火光一同上升. 火光随着唱诗班的歌声升起. 这一天是1600 年 2 月17 日. 后来人们在他就义的地方——罗马鲜花广场（Campo di Fiori）为他树立了一座雕像.

# 三、哥白尼的革命，现代科学的兴起

## 哥白尼和他的日心说

前面我们引用了罗素的一段话. 其实我们可以这样去理解它:科学发展到15—16世纪, 也就是出现哥白尼的时代, 亚里士多德的学说已经成了科学进步的主要障碍. 布鲁诺的殉难就是向天主教——亚里士多德的权威挑战所付出的血的代价. 但是其实到了13世纪, 就在经院哲学里面也开始有了一些变化, 出现了一位哲学家罗杰尔・培根 (Roger Bacon, 1214—1294). 请不要把他与另一位哲学家弗朗西斯・培根 (Francis Bacon, 1561—1626) 混淆, 后者在科学方法论上的贡献以及他的名言 “知识就是力量” 是广为人知的. 罗杰尔・培根酷爱数学与科学, 认为实验比抽象的论证更有力. 他尊崇亚里士多德, 但不认为亚里士多德是不可逾越的学术顶峰. 另一位有重要影响的哲学家是奥卡姆的威廉(William of Occam, 也拼作William of Ockham, 1288—1348, 奥卡姆是地名), 他因著名的 “奥卡姆的剃刀” 而为世人所知. 这把剃刀其实是一个考虑问题的指导原则: 若无必要, 不要假设更多的东西. (这当然是我们用普通的语言来表述, 原文是拉丁文, 而且很难在他的著作中找到. )说它只是一个指导原则, 就是说, 并非符合于它就是真理, 但是, 人们确实利用它推动科学进步. 从这些思想家的出现可以看到, 一种新的思想和学说正在孕育之中.

还有一点需要提到, 当这些古希腊的文献在欧洲重新流传时, 它所面临的是全新的社会条件: 自由手工业者(所谓自由是指他们和农奴不同, 对于封建领主没有人身依附)需要技术, 自然会提出新的技术问题; 航海和地理大发现, 原是为了寻求新的财富源泉, 但是对天文、测量、地理有新的要求, 又给人们打开了关于世界的新视野. 人们的思想比之过去大为解放了. 古希腊文献是从阿拉伯人那里绕了一个大圈再回到欧洲, 自然会添加进阿拉伯人、印度人对于科学的贡献. 例如托勒玫的著作原来被看做是颠扑不破的、不许逾越的, 而阿拉伯人不少观测结果却是托勒玫的理论无法解释的. 古希腊的思想里有一条基本的东西是天主教不能接受的, 那就是许多希腊学者认为宇宙的规律是数学规律, 而天主教的教义是:宇宙是上帝创造的, 所以宇宙的规律只能是上帝的意志, 怎么能是数学规律呢? 但是, 希腊文献一旦流传, 希腊人的思想又怎能关在门外呢?所以那时的学者们, 时常有一个"折中之道", 就是认为上帝是按数学来创造世界的. 他们这样想, 绝非只是"上有政策, 下有对策", 或者是见人说人话, 见鬼说鬼话. 他们是真正的科学家, 但也是虔诚的教徒, 这是时代的特点. 包括哥白尼、开普勒、伽利略都是如此, 牛顿更加如此, 但是牛顿的上帝其实是一个几何学家.

总之, 出现哥白尼的日心说不是偶然的, 而是有着深刻的根源. 它有如此深刻广泛的影响, 同样不是偶然的. 在历史上先于哥白尼提出日心说的大有人在. 最早的, 可能是古希腊的伟大天文学家和数学家阿里斯塔克斯(Aristarchus of Samos, 约前310—约前230. Samos是希腊的一个岛屿). 关于阿里斯塔克斯的生平现在所知甚少. 他的著作流传至今的只有一部关于日地月的大小和相互距离的书. 甚至关于他的日心说, 还是从阿基米德的著作《数砂者》中转述的. 按照这个学说, 宇宙的中心是太阳, 地球绕着太阳沿着圆形轨道旋转; 其他的星体分布在天球上. 阿里斯塔克斯关于日地月的大小和相互距离的工作很值得注意. 这不是因为他的结果准确, 恰好相反, 与我们今天所知的结果比较, 应该说是很不准确, 而是因为他所用的方法与在他几百年后托勒玫所用的方法一样, 是中规中矩的欧几里得几何的方法, 他用视差来说明为什么太阳是中心. 但阿里斯塔克斯一直没有得到许多天文数据准确值, 因而误差太大. 尽管如此, 他的方法是无懈可击的, 阿里斯塔克斯的著作也一直作为逻辑严整的典范而被人们推重. 但是他的日心说却不为人们 (包括阿基米德) 接受. 人们指责他敢公然和亚里士多德唱对台戏, 实属大不敬, 即"不虔诚", 而且威胁要审判他. 后来审判了没有不得而知. 但是因思想罪而受审判, 并不始于烧死布鲁诺的宗教裁判所. 苏格拉底不是在公认为“民主”的雅典被500人的群众大会公审判决他服毒自杀的吗?据说苏格拉底临死还在赞颂医药之神赐人的毒药毒性如此巨大, 颇有点“谢主隆恩”的味儿.

现在我们就来介绍哥白尼的日心说.

哥白尼(Nicolaus Copernicus, 1473—1543)生于波兰托伦(Torun), 后来在克拉科夫(Cracow)大学学习数学、天文学等. 然后两次去意大利, 第一次去博洛尼亚(Bologna)大学学天主教教规, 第二次则在帕多瓦(Padua)大学学医学. 博洛尼亚大学可以说是欧洲最古老的大学. 至今, 它的门厅里还立着两尊雕像, 就是但丁和哥白尼. 经过多方面的探索, 最后哥白尼决定终身从事天文学的研究. 从意大利归国以后, 哥白尼在他的叔父的影响下, 去弗龙堡(Frauenburg, 现在称为Frombork, 属于波兰)的天主教堂任神职, 并从此终生一直过着宁静孤独的学术生活. 他既已有了固定收入, 日常生活不必操心, 每天除了完成教职外, 就是计算和夜晚在教堂的阁楼里观测天象.

我们在前面已经讲到在哥白尼的时代, 科学思想中开始出现了不利于天主教义和亚里士多德学说的变化, 还有新的观测结果与托勒玫学说的矛盾, 特别是伊斯兰世界的新的观测结果. 这一切都对哥白尼的思想起了重要作用. 哥白尼的基本著作是《天体运行论》[①](*De Revolutionibus Orbium Coelestium*), 正式出版是1543年, 哥白尼在其中就引用了不少古

① 此书有中文译本《天体运行论》, 叶式辉 译, 武汉出版社, 1992. 以下引用的哥白尼的话, 多借用这个译本.

希腊哲学家们关于日心说的主张(奇怪的是, 他没有引用阿里斯塔克斯的观点, 尽管哥白尼知道他, 而且在此书序言的一个初稿中提到过他, 后来不知为什么又删去了阿里斯塔克斯的名字). 哥白尼在此书中说到, 托勒玫用了那么多的本轮(当时已有八十多个), 而随着观测数据进一步积累, 岂不是会用到无限多个圆周么?他还这样比喻托勒玫的学说: 如同一个画家, 画人的一手一足都非常逼真, 但是人的整体形象却画不好. 而要做到整体的好, 他说, 宁可认为宇宙的中心在太阳, 这“比起把地球放在宇宙中心, 因而必须设想有几乎无穷多层天球, 以致使人头脑紊乱, 要好得多. 我们应当领会造物主的智慧. 造物主特别注意避免造出任何多余无用的东西……”. 在这里我们清楚地看到哥白尼正在使用奥卡姆的剃刀来把托勒玫体系中过多的本轮均轮砍掉. 哥白尼想要保存托勒玫的具体结果, 并加以改进, 把它们放在一个合理可靠的基础上.

哥白尼就这样开始来建立自己的新宇宙模型.这个模型有几个要点, 那就是: 宇宙的中心不是地球, 而是太阳; 太阳与地球的距离, 比之它与其他星球的距离, 简直小得不可比拟（但是哥白尼从来没有说过宇宙无限的话）; 星体表观的昼夜变化可以用地球的自转来解释; 一年之内太阳和星体的表观变化可以用地球绕太阳的旋转来解释; 行星的逆行运动也可以用地球绕太阳的旋转来解释. 有了这些要点以后, 哥白尼就着手从事艰苦细致的工作, 开始写他的伟大著作《天体运行论》.

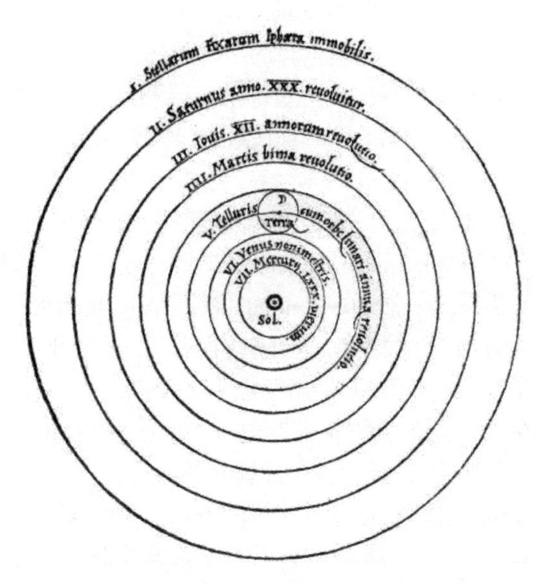


图8　哥白尼的宇宙模型. 此图选自《天体运行论》

在这部伟大著作里, 哥白尼确定了太阳系内当时人们已知的星体的位置, 这就是, 以太阳为中心, 由内而外, 依次为水星、金星、地球(月亮作为地球的卫星绕地球旋转)、火星、木星、土星, 与我们现在的认识一致. 它们与太阳的距离也初步确定了. 哥白尼这部书几乎是逐章逐节地模仿托勒玫的*Almagest*, 其中充满了浩繁的计算. 大约在1530年, 哥白尼就已完成了这部著作. 可是对于发表此书, 他采取了非常谨慎的态度. 有人认为这是由于哥白尼是一个完美主义者; 有人则认为这是由于哥白尼担心与天主教会发生严重的冲突. 这部书从它开始面世, 就受到天主教会以及新教的怀疑与反对. 但是哥白尼深信, 他的宇宙模型才是对物理世界的准确描述.

《天体运行论》能够发行, 得力于哥白尼的唯一的学生雷蒂库斯(Georg Joachim Rheticus, 1514—1574). 雷蒂库斯的一生几乎是一个传奇. 他是奥地利人, 父亲既是行政官员, 又行医, 又占星, 还会魔法. 后来不知什么原因, 被当成巫师给砍了头(真是砍头(beheaded) 而不是一般的死刑). 按彼时彼地的规矩, 老子砍了头, 儿子就不能再用老子的姓, 所以雷蒂库斯究竟姓甚名谁, 真难弄明白. 至少, 雷蒂库斯这个姓, 就是他自己取的. 他是一个新教徒, 而且热衷于数学. 他的支持者或资助人也是著名的新教徒, 而且是新教创始人马丁・路德的左右手. 雷蒂库斯十分仰慕哥白尼(哥白尼在当时的天文学界已经名声很大了), 于是前去访问. 在当时的政治宗教气氛下, 一个新教徒竟然访问一个著名的天主教徒, 已经很少有了, 谁知, 又访问又求教, 终于成了哥白尼唯一的助手和学生. 雷蒂库斯在数学上的贡献在三角学. 第一个余弦表就是他为了哥白尼的著作编写的. 正是在雷蒂库斯的推动下, 哥白尼才同意把《天体运行论》付印发行. 教会对哥白尼的学说基本态度如何?1616年, 罗马天主教廷把哥白尼的《天体运行论》列为禁书, 其判决如下:"上述神圣红衣主教会议指出, 毕达哥拉斯之大地在动而太阳不动的学说纯属谬论, 并全然违反圣经. 尼古拉・哥白尼在其所著《天体运行论》中竟宣扬此种学说……使之广泛流传并为许多人所接受……因此，为使此种有损教廷真理之邪说不致继续传播，红衣主教会议决定，上述尼古拉·哥白尼之《天体运行论》一书……若不改正则不应允其发行."1620年，这些红衣主教对此书的读者又发布了一个"告诫(Monitum)"，其中有这样一些话：哥白尼的《天体运行论》应该完全禁止，因为它完全违背了基督教义，而且哥白尼"确认这不是一种假设，而是实在的真理"；但是书中还有一些有用的东西，所以，如果哥白尼把"确认这不是一种假设，而是实在的真理"这一类的话删除掉，那就可以发行了．直到1835年，《天体运行论》才从禁书目录中除掉．天主教是这样，新教对待哥白尼的日心说也是一样．宗教改革的领袖之一、路德派新教的创始人马丁·路德谈到哥白尼主张太阳不动时，曾在饭桌上引用圣经严词斥责说："有一个新占星家想要证明是地在动而不是天，太阳和月亮在动．这就好比有一个人，自己乘着车船，却想象自己不动而是地和树在动．现在就是这样：谁要是想当聪明人，凡大家尊重的，他就一定要反对，他一定要标新立异．那个家伙就是这样，想把天文学颠倒过来．对这种搞乱了的事情，我还是相信圣经，因为(只有)约书亚(才能)命令太阳而不是地球站住．" ①

① 旧约圣经《约书亚记》第十章讲到上帝叫摩西的助手的儿子约书亚带领以色列人渡过约旦河到西岸，有敌人(迦南人)阻击．上帝不但自己大打出手，降下冰雹杀死的敌人比以色列人用刀杀死的还多．上帝还叫约书亚祈祷太阳站住，以便不需挑灯即可夜战，让以色列人从容地报仇．所以马丁·路德的意思是说：你哥白尼也想充当约书亚吗?

哥白尼的学说是人类思想史中的一次无与伦比的革命. 人在宇宙中的地位变了. 基督教的基础是上帝按自己的形象创造了人, 人比上帝创造的其他一切地位都高, 特别是人有灵魂, 这甚至是超自然的. 但是有了哥白尼, 这一切都改变了. 地球和其他星球的地位是平等的; 人和其他一切生物也是平等的; 人没有任何特权, 而只能与大自然和谐相处(这个思想不仅在哥白尼的时代, 甚至在今天, 仍然不是每个人都能接受的, 环境问题之难于解决, 这是其思想根源之一). 所以, 哥白尼确实是具有高度独创性的, 他的科学方法, 虽然不可避免地受到他所处时代的局限, 但又确实远远地超越了他那个时代. 他的为人也非常崇高, 他为了科学和全人类而无私地奋斗, 他将受到永远的崇敬.

## 火星的逆行运动

现在我们再回到科学问题. 哥白尼并没有完全抛弃托勒玫, 他甚至因为自己的计算仍与观测结果不完全相符, 也还采纳了托勒玫的本轮学说. 但是哥白尼认为用日心说同样可以解释天体运动的许多问题, 而且解释得更好, 例如行星特别是火星的逆行. 我们知道, 这个问题从托勒玫时代就使得天文学家们十分头疼. 那么, 我们就来看一下怎样用日心说来解释它. 哥白尼仍然相信行星都是沿圆周作匀速旋转的. 假设地球和火星的轨道在同一个平面上. 地球的轨道半径较小, 火星的轨道半径较大, 如图9所示．(图9上两个轨道的半径大小比例不对，此处我们只想说明基本的原理所以也就不去追究了.) 我们用1, 2, 3, 4, 5和6表示地球或火星在各时刻的位置.（这里这些星球运动的速度也未准确表示.）在时刻1, 从地球看火星在天球（即最左的矩形）上的位置就是天球上的1点．于是随着时间的推移，我们看见火星的位置在天球上由1逐渐移动到6, 这就是火星的视运动，它的轨道在3处折返逆行，在5处再次折返．这就是火星的逆行运动．然后火星的视位置又回到1, 其实地球已经绕太阳走了一周，时间过了一(地球)年．但是火星还没有走完一个周期(就是时间还没有满一个火星年)，等到火星也再次回到1处，其视位置也在天球上回到1处．这里面是否还有逆行运动，就需要进一步分析了．请与图4(那是火星在2005—2006年间的一次逆行)比较.

但是我们还不能满足于此．因为天文学到了哥白尼的时代，其定量化的程度已经很高了(甚至天主教廷也不敢否定哥白尼学说的“用处”)，所以我们还想多做一点数学的分析.

读者可能以为这里会用到很高深的数学．其实不然，中学数学已经足够了，特别在现在的教材中增加了一点微积分，对我们的读者理解以下解释更是如虎添翼.

假设地球和火星的轨道都在同一平面上(这是真正的简化)，而且这个平面就是复平面．(这可能又是读者不熟悉的，现时几乎所有讲这类问题的文献都没有使用复数，好像复数是什么神秘的东西，现在回过头来看看，就会哑然失笑了．)把太阳放在原点，并记原点为$S$(也就是复数0)，地球记为$E$，火星记为$M$．于是它们的运动都可以用复数(复数就是向量)表示为$a_E\mathrm{e}^{2\pi\mathrm{i}\omega_E t}$，$a_M\mathrm{e}^{2\pi\mathrm{i}\omega_M t}$．这里$a_E, a_M$分别是地球和火星的轨道半径，$\omega_E$，$\omega_M$分别是地球和火星的圆频率．轨道半径本应以AU [①]为单位，于是$a_E = 1$ AU，$a_M = 1.52$ AU，但是为了避免出现分数，我们取$a_E = 2, a_M = 3$．

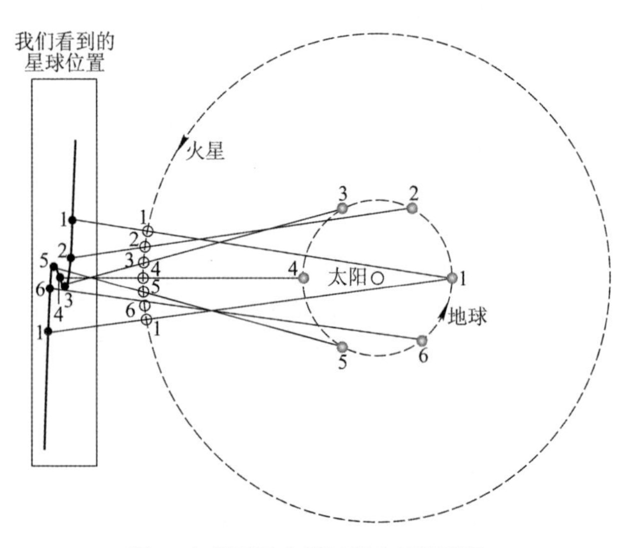


图9　怎样用日心说解释火星的逆行

频率是周期的倒数，而周期取地球年为单位最

① AU是天文单位．用现在的语言来说就是地球绕太阳旋转的椭圆轨道的长半轴．1 AU≈1.5亿千米

自然, 所以我们取$\omega_E = 1, \omega_M = \frac{1}{2}$, 后者也是近似值. 我们仍然按照哥白尼那样, 认为行星的运动是匀速旋转. 总之, 我们认为地球和火星的运动分别表示为时间$t$ 的复数值(复数就是向量)函数, 即

$$z_E(t) = 2\mathrm{e}^{2\pi\mathrm{i}t} , \; z_M(t) = 3\mathrm{e}^{\pi\mathrm{i}t}.$$

这是以太阳为中心而得的向量, 如果以地球为中心, 则得火星相对于地球的运动为

$$z(t) = z_M(t) - z_E(t) = 3\mathrm{e}^{\pi\mathrm{i}t} - 2\mathrm{e}^{2\pi\mathrm{i}t} . \qquad (1)$$

这个向量是从地球算起的, 所以现在的$z = 0$代表地球, 而以太阳为中心时, $z = 0$代表太阳. 现在来作一个很有技巧的变换, 即作一个平移$w = z - 2$, 经过简单的计算, 立即有

$$\begin{aligned} w(t) = z(t) - 2 &= \mathrm{e}^{\pi\mathrm{i}t}[3 - 2\mathrm{e}^{\pi\mathrm{i}t} - 2\mathrm{e}^{-\pi\mathrm{i}t}] \\ &= (3 - 4\cos\pi t)\mathrm{e}^{\pi\mathrm{i}t} . \qquad (2) \end{aligned}$$

这就是在$w$平面上火星相对于地球的运动轨道. 下一步我们想用极坐标来表示这个运动. 从复平面到直角坐标系很简单, 只需分开复数的实虚部即可, 而化到极坐标, 就需要把复数写成指数形式$w = r\mathrm{e}^{\mathrm{i}\theta}$ ,与(2)比较即得火星相对于地球的运动轨道的极坐标形式是

$$r = 3 - 4\cos\pi t , \; \theta = \pi t .$$

这里$t$是参数. 消去参数即得轨道的方程

$$r = 3 - 4\cos\theta . \qquad (3)$$

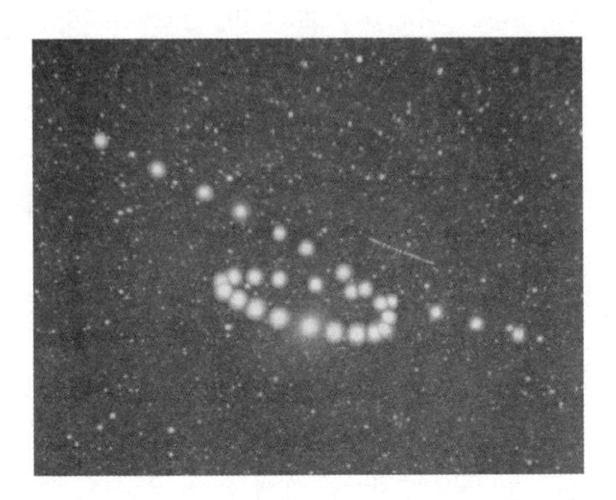

图10　2003年的火星逆行运动的图像

(APOD 2003−03−16)

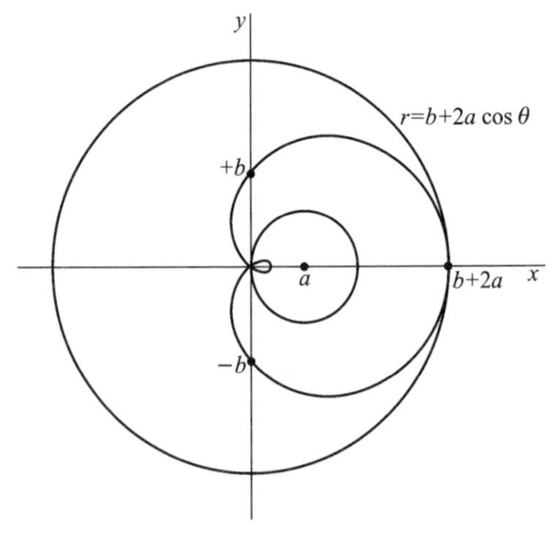


图11　蚶线

这是一条很有名的曲线，称为蚶线(limaçon)．这条曲线最明显的特点是:它是自交的．但是回忆起图4的火星逆行轨道却是一个不自交的Z字形的曲线．这是为什么?火星的逆行运动每两年可以观察到一次．图4恰好是2005—2006年间的一次．倒退两年看一下2003年的那一次，即图10，果然有了自交．原因何在呢?上面所讲的一切，实际上都默认了一件事情，就是火星和地球的轨道在同一平面上．这是一个很好的近似(除了冥王星①的轨道有点“出格”以外，基本上在同一平面上)．但是这里的误差就给我们带来了大麻烦．因为地球轨道和火星轨道并不真正在一个平面上，所以从地球上看火星的轨道应该看成三维空间曲线．作为一个比喻，看一根弹簧．如果从顶上看，你会看见一条封闭曲线——圆形，这好比是俯视图，如果从侧面看，却是若干段折线(侧视图)．现在的情况有点类似．上面所讲的内容，还有一个非常重要的假设，即假设了这些轨道都是正圆．这个麻烦可大了，到开普勒才明白了其实它们都是椭圆，这才为牛顿开辟了道路．那么，怎样才能得到更准确的解释和预测呢？就是应用计算机，使用准确然而复杂的软件做计算．请读者访问一下NASA 在美国加州理工学院的喷气推进实验室（JPL）的网页mars.jpl.nasa.org/allabout/nightsky/nightsky04.html，就可以找到详细的说明以及计算机画出来的这两次火星逆行的图像．（附带说一下，这个网页是科普性

① 现在冥王星已经不算大行星了，而是所谓“侏儒行星”．

质的. )

# 开 普 勒

哥白尼的学说除了遇到了基督教会的残酷压制，广大的人们(包括当时的天文学家和数学家) 实际上也是反对的. 对于我们, 科学家的反对更值得注意. 哥白尼的“公理”中有一条:天上星体的昼夜运动可以用地球的自转来解释. 在今天, 这是小学生都懂得的道理, 可是在当时怎样说服人们呢?有一个非常有力的反对论据: 地球每24小时转一圈, 因为地球半径约为6 400km, 周长为$2\pi \times 6\ 400\text{km} \approx 40\ 000\text{km}$, 所以说“坐地日行八万里”. 每天86 400秒, 每秒钟地球向东方旋转比0.5km稍微少一点. 伽利略说, 如果一块石头从比萨斜塔上落下来, 那么大约需要2秒钟才能落到地面, 可是在这2秒钟时间里, 地球带着比萨斜塔已经向东走了比1km稍微少一点, 所以石头应该落在靠西将近1km处. 可是有谁见过这样的事情呢? 伽利略对此作了极其精彩的回答, 我们将在下一节介绍. 如此这般反对哥白尼日心说的论据很多. 对于哥白尼日心说的支持主要来自观测的数据. 在这里, 起了关键作用的科学家是第谷・布拉厄(Tycho Brahe, 1546—1601). 大物理学家费曼(R. Feynman)指出: 第谷・布拉厄提出了一个在整个现代科学中起了关键作用的思想: 做更准确的观测与计算, 再看实际结果支持什么理论. 简言之数字解决问题.

第谷・布拉厄出身丹麦贵族, 从小就对观测天象有兴趣, 他非常惊奇地发现, 原来天象(例如1560年8月21日的日食)是可以预测的, 尤其令他吃惊的是, 某一个天象, 例如1563年8月土星和木星的冲(conjunction, 即土星和木星有同样的黄经, 就是地球、土星和木星位于同一直线上, 所以在地球上看来, 它们重合在一起了)的预测, 竟然有两天的误差, 说明当时的天文表, 包括哥白尼的表其实并不准确. 1572年11月11日, 他在仙后座发现了一个超新星的爆发. 这当然与亚里士多德的完美的、不会改变的宇宙模型格格不入. 他写的书《论新星》(*De Nova Stella*)冒犯了教会, 但是发现新星是一件轰动性的大事①, 所以第谷・布拉厄也为自己赢得了声誉. 于是当时的丹麦国王腓特烈二世(Frederick Ⅱ) 给他极大的支持:1576年, 划定哥本哈根附近一个小岛Hveen给他建一座未曾有过的大天文台. 其中的仪器都是最大的, 例如一个浑天仪直径约 3m, 一个象限仪高达4m. 这个象限仪太大, 只好造在墙上. 它是黄铜造的, 精度达到1″. 象限仪的中心是左方的小窗口, 有一个人坐在那里观测, 他的座位的角度, 就是星星的角度(图12). (可是, 到了1610年发明了天文望远镜以后, 肉眼观测天象也就成了历史.) 第谷・布拉厄称这个天文台为尤拉尼堡(Uraniborg)(也有人译作"观天堡"), 其命名是为了纪念希腊神话里掌管天文的文艺女神缪斯Urania(天王星Uranus也是以她命

① 人类历史上第一次在正史上记载超新星爆发的是在我国宋代.《宋史》上记载: "至和元年五月乙丑(即1054年6月10日)客星出天关(金牛座$\zeta$ 星)东南, 可数寸, 岁余稍没."

名的). 这个天文台尽管只生存了不多几年, 在提高天文观测精度上却起了重大的作用. 在第谷・布拉厄以后, 天文观测的精度达到了$0.5' \sim 1.0'$. 1588年这位国王去世, 继位者是克里斯蒂安四世(Christian Ⅳ). 他对第谷・布拉厄的大手大脚拼命要经费很不耐烦. 到1597年, 两人关系恶化, 第谷・布拉厄远走布拉格, 成了当时的匈牙利兼波希米亚国王、神圣罗马皇帝鲁道夫二世（Rudolph Ⅱ）的皇家天文学家, 而且带去了二十多年宝贵的天文观测数据.

图12　第谷・布拉厄的造在墙上的象限仪

背景上画的是第谷・布拉厄正在工作. 下面有几个助手, 有的在观测, 有的在作记录第谷·布拉厄的宇宙模型可以说是哥白尼的模型与托勒玫的模型的混合物. 他认为, 确实各个行星都绕太阳旋转, 这可以说是哥白尼的日心说, 但是, 太阳又带着这些行星一起绕地球旋转, 这样, 又是托勒玫的地心说的变体. 他之所以这样做, 一方面是因为他反对哥白尼, 想要维护圣经的权威, 另一方面, 他又知道按托勒玫的方法预测天象准确度不够. 其实, 明末清初来中国传教的耶稣会传教士们也知道按第谷·布拉厄的方法预测日食精度高于托勒玫的旧方法. 他们在中国确实是这样预测日食的, 他们也很明确, 这样做有利于提高天主教在中国人民心目中的地位. 第谷·布拉厄想要找一个精通数学的人来把自己的模型完整地建立起来, 这样, 他就找到了开普勒.

图13　开普勒

开普勒(Johannes Kepler, 1571—1630, 德国数学

家和天文学家)也是一个传奇式的人物.

他出身贫困, 身体孱弱, 而且一生几乎没有过顺心的事情. 然而他才智过人, 进入蒂宾根(Tübingen)大学后, 遇到了可说是欧洲最早的哥白尼拥护者之一的梅斯特林(Michael Mästlin). 开普勒本人终身是哥白尼日心说的忠诚的拥护者. 大学毕业后, 他到奥地利的格拉兹(Graz), 在一个中学里教数学. 有这样一个传说, 他在1595年的一个夏日, 正在无精打采地给一些同样无精打采的学生上几何课, 心里想的却是哥白尼的著作, 他突然悟到一个正三角形的内切圆与外接圆的半径比1：2差不多恰好是木星和土星轨道的半径比5.2：9.6, 于是他灵机一动, 想到一个行星的模型:最外面是一个半径为土星半径的球, 里面作一个内接正六面体, 再作一个内切球, 其半径恰好是木星轨道的半径. 然后再作一个内接的正四面体, 再作其内切球……仿此以往, 一直作了五个正多面体和六个球面. 最里面的一个恰好与水星相应. 早在柏拉图时代就知道, 正多面体一共只有五个, 像上面这样作外接和内切球面共有六个. 现在按照哥白尼的日心说, 行星恰好也是六个, 按下面的次序嵌套起来: 土星(正方体)、木星(正四面体)、火星(正十二面体)、地球(正二十面体)、金星(正八面体)、水星这几个行星排列的次序和哥白尼指出的它们在太阳系中的次序是一致的, 更巧的是, 这六个球面的半径之比, 大体上确实和这些行星轨道半径的比相近(误差不到10%). 开普勒于是相信自己确实发现了行星系统的规律, 以为这正是证明了哥白尼日心说的正确性, 而且写出了一本书《宇宙的奥秘》(*Mysterium Cosmographicum*,1596). 他把这本书寄给了自己的老师梅斯特林, 而且也寄给了当时最负盛名的第谷·布拉厄, 希望得到进一步的改进. 第谷·布拉厄看见了这本书, 大为赏识, 而且认为开普勒正是他所要寻找的, 可以完成他自己的宇宙体系的精通数学的人. 于是, 1600 年开普勒来到了布拉格, 成了第谷·布拉厄的助手. 开普勒接受第谷·布拉厄之请去布拉格, 心里看重的其实是希望能获得第谷·布拉厄的宝贵的观测数据. 第谷·布拉厄和开普勒实在不可能"友好相处", 这当然与他们的性格有关, 但是更重要的是他们在日心说还是地心说问题上见解不同, 无法调和. 开普勒一心想得到第谷·布拉厄的数据. 他们二人一起共事不过18个月, 第谷·布拉厄去世, 他对开普勒的临终遗言是: "请不要让我虚度此生."开普勒又大费周折(第谷·布拉厄的子孙们也来凑热闹搞"知识产权") 才得到第谷·布拉厄的数据 (但所有权仍归第谷·布拉厄的子孙们), 而且得到了皇帝鲁道夫二世的任命, 成了宫廷数学家(不过薪水比第谷·布拉厄少多了).

这里想对天文观测数据多说几句话. 托勒玫就已经是实际进行观测的天文学家. 他的*Almagest*一书既有深刻的数学知识, 也包括了大量观测结果. 希腊文明衰落以后, 托勒玫的学说在伊斯兰世界(不只是现在的中东和北非, 还有西班牙的摩尔人地区)得到尊崇. 尽管阿拉伯人在天文学的理论上并无重要建树, 但他们继续积累了大量天文观测结果, 后来成了著名的阿尔方索表(Alfonsine Tabulae). 阿尔方索表在欧洲流行了几个世纪. 哥白尼在克拉科夫大学学天文学, 就是学的这个表. 哥白尼在写《天体运行论》时, 其实也想编一部天文表. 当时哥白尼的名声已经很大了, 所以人们对哥白尼的天文表也寄予厚望. 但是人们失望了,《天体运行论》既不够详尽, 也不够准确, 所以曾有好几次, 有人想把哥白尼的表改进得更完备, 更精确. 第谷·布拉厄对开普勒的嘱托, 也就是要开普勒以他的数据为基础, 编一部更好的天文表. 这部表由开普勒在1627年完成, 就是著名的鲁道夫表.

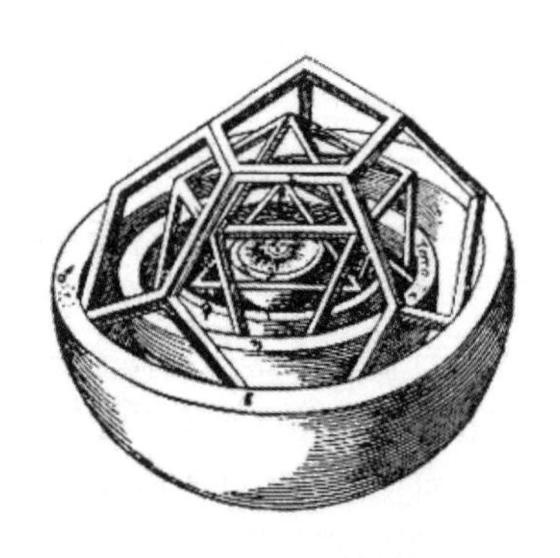

图14　开普勒与正多面体

开普勒在接手了第谷·布拉厄的观测资料后, 并没有按照第谷·布拉厄的要求去编著这本表, 而是按自己的观点, 使用第谷·布拉厄的资料来把哥白尼的模型精确化. 因为前面已经说过, 第谷·布拉厄的重大贡献就在于把观测结果的精度大为提高了. 按照老的结果, 认为其他行星轨道是圆还可以说得过去,唯有火星的轨道要说是圆,实在不行.开普勒为此付出了极大的努力.这事绝非描几个点,看一看像一个椭圆就可以解决问题的.他先从火星轨道近似地可以作为一个圆开始,用这样的模型来预测火星在某时刻应该在的位置,发现所得数据偏大,然后设它为一个椭圆,又发现过小.那么,介乎二者之间的还有什么?开普勒对阿波罗尼奥斯的圆锥曲线理论是十分熟悉的,所以,他想,只能是别的椭圆.他就这样一个个椭圆试下去.终于确定了火星轨道应该是椭圆.开普勒比之他的前辈有了一个极大的优势就是第谷·布拉厄的观测资料.现在,开普勒手上数据太多,但他发现了,无论如何也作不出一个圆与这些数据符合,计算的误差时常达到$8' \sim 10'$,这在当时已经是无法接受的了.好在现在手上数据多了,设想一个模型失败了,再设想第二个就是了.开普勒把自己的这个艰辛的苦斗,称为"我大战火星(my war with Mars)"①.这场战争持续了八年.开普勒之所以能打胜仗,与他十分熟悉古希腊数学家阿波罗尼奥斯的圆锥曲线理论大有关系(当年这个理论与天体运动的研究并无关系),并且采用了新的数学方法,例如用扇形面积来度量时间(见本书第二册中关于万有引力的论述),终于得出火星轨道是椭圆的结论.这样一来开普勒就实现了一个伟大的突破:他抛弃了亚里士多德关于圆是最为完美的曲线,因此行星轨道都应该是圆这种旧观念的束缚,同时他也

① 火星在拉丁文中叫做Mars,这也是罗马神话里的战神.所以,开普勒也是说,他战胜了战神.

放弃了行星运动应该是匀速旋转这个旧观念. 他在这两个关键问题上都超过了哥白尼, 从亚里士多德的束缚下解放出来. 仅此一点, 开普勒的功绩就足以使他名垂千古. 又因为开普勒把行星动径（就是从太阳到行星的向量）所扫过的面积与行星运动所花的时间联系起来, 他又得到了所谓面积定律. 这两个定律开普勒都发表在《新天文学》（*Astronomia Nova*,1609）一书中. 这本书有一个副标题《关于火星运动的评论》. 从开普勒接手第谷 · 布拉厄的任务起, 这场火星之战恰好是八年的战争!

我们把开普勒这两条定律总结如下. 这就是为世人广泛知道的开普勒定律.

1. 开普勒第一定律（椭圆定律）: 太阳系中各行星的轨道都是椭圆. 太阳位于此椭圆的一个焦点上.

2. 开普勒第二定律(面积定律): 在相同时间里, 一个行星的动径扫过面积相同的扇形.

附带说一下, 焦点(focus)一词就是开普勒创造的. 这是拉丁文, 原意是"火炉". 卫星（satellite）一词也是开普勒在知道伽利略发现土星的卫星后创造的, 也是拉丁文, 原意"侍卫". 这两个词的中文翻译也确实很精彩.

我们把开普勒第一和第二定律图示如下:

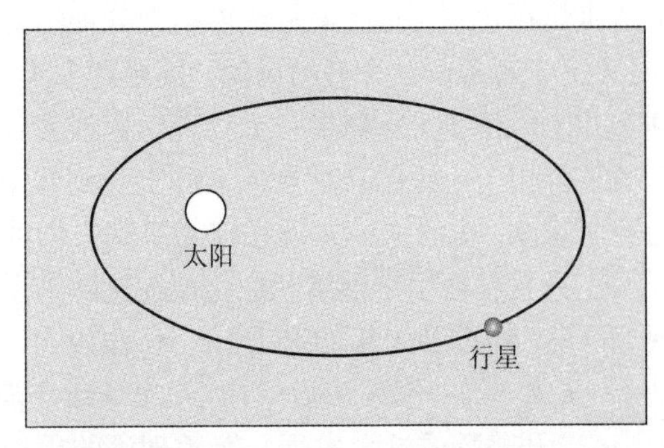


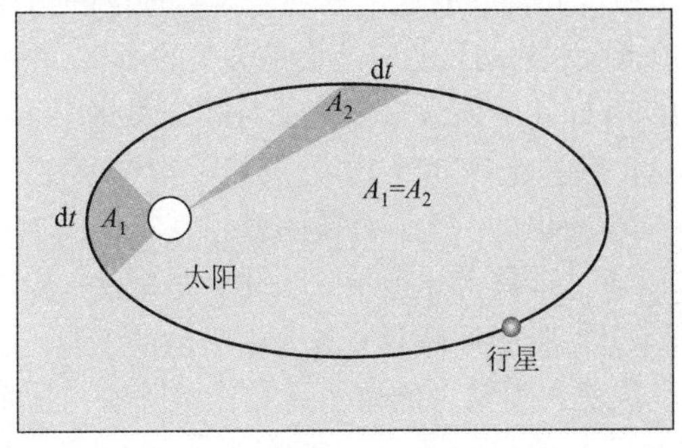


图15　开普勒第一和第二定律. 下图上的d$t$表示同一个时间区间

开普勒第三定律则是另外一个故事.我们在前面提到过他的一本著作:《宇宙的奥秘》(*Mysterium cosmographicum*, 1596). 读者不要以为这只是开普勒的"奇想"甚至是迷信. 其实它反映了开普勒的一个深刻的信念: 宇宙的根本规律是数学规律,而且开普勒甚至是按照毕达哥拉斯的信念来接受它的. 毕达哥拉斯的名言是"宇宙即数", 而毕达哥拉斯理解的数是自然数. 柏拉图的五个正多面体也有着浓厚的毕达哥拉斯色彩，而这正是开普勒十分钟情的理论，是《宇宙的奥秘》一书的灵魂．甚至到今天，人们其实并未忘情于此：如果一个物理学家或者数学家发现某个相当广泛的自然现象实际上受到几个离散的数所控制，他的这一发现必定会受到人们的关注．于是，开普勒着手来继续和深化他在这部书里的发现．可是，经过多少年的努力，直到 1619 年，也就是《新天文学》一书发表后的10年，才得到开普勒第三定律．开普勒的这个发现与对数理论的出现有密切关系．对数的发明应该说是历史的产物．在17世纪初期有好几个数学家都有了对数的思想，而纳皮尔(John Napier, 1550—1617, 苏格兰数学家)是成绩最系统最突出的一个．对数的思想其实很简单，就是可以通过指数定律把乘除法化为加减法．传说纳皮尔有志发明一种最能节省人类劳动的工具．他认为，最花费人类精力的事情就是作乘除法．其实纳皮尔最关心的是航海和天文观测，而在这里，最耗时费力的事情也确实是作乘除法．要很简便容易地把它化为加减法，关键在于造一个对数表，特别是选择一个底．纳皮尔的成就正在于此．纳皮尔选择的底恰好就是1/e，而他的方法其实正是微分方程方法．纳皮尔的对数函数是一个微分方程的解，正是自然对数．以10为底的常用对数，是他的合作者布里格斯(Briggs)领会到他的方法其实是极限方法后，向纳皮尔建议的（康熙皇帝编了一本《数理精蕴》，里面也介绍了对数理论，这本书里作对数表的方法也是类似的极限方法)．

说到这里读者会奇怪，那时还没有微积分，纳皮尔怎么连微分方程也用上了呢？须知科学的发展完全不同于我们现在上了中学才能上大学；高一过不了关就不能上高二的课程. 那时出现了许多必须微积分才能解决的问题. 指数与对数只是其中之一. 所以许多人都在不同的问题上有了微积分的某些思想. 当然，在这个过程中，许多人会有这样那样的“错误”. 从开普勒、伽利略和纳皮尔，还有牛顿、莱布尼茨，可以说都是绝顶的天才，他们互相交流、讨论，真是“如切如磋，如琢如磨”，甚至还有吵架、辱骂这样的事情，这才有了今天的微积分. 非常遗憾，我们现在的教材（包括大学和中学）的讲法与历史发展的情况截然不同. 这就丧失了一个启发学生的思想的好机会.

现在回到开普勒第三定律. 图16上标出了开普勒时代已知的行星的轨道数据. 我们现在当然明白，这是一个对数标尺下的函数关系图像. 具体说来，其横坐标是$\log a$，纵坐标是$\log T$，这里$a$, $T$分别是椭圆轨道的长半轴与周期. 图像是斜率为3/2的直线. 但是开普勒从事这项研究时还没有对数，这幅图是现代介绍开普勒的思想的人而不是开普勒本人画的. 但是以他的数学洞察力和想象力，不可能不感到其中有深刻的内在的规律性. 他从数据中而不是从图像上，看出这里面有一种“倍半重比（sesquiplicate ratio）①”的关系. 这

---

① 这个名词已经废弃不用了. 现在通用的说法就是比值的$\frac{3}{2}$次幂.

正是宇宙的和谐性的一种表现方式. 连斜率都看出来了, 能不令人叹服吗? 纳皮尔关于对数的基本著作《奇妙的对数定理说明书》(*Mirifici Logarithmorum Canonis Descriptio*) 发表于1614年, 开普勒在1616年看到此书, 自然大喜过望. 原来, 图32就是$\log T = C + \frac{3}{2}\log a$, 对数的底取多少都行. 开普勒在 1618 年5月18日写了下面这段话:"18个月以前, 天已破晓, 3 个月前天色大明, 几天前, 最灿烂的一轮红日高照, 到现时, 什么也不能再让我倒退了." 原来他所苦苦寻求的宇宙和谐性, 是一种对数和谐性. 比较《宇宙的奥秘》, 开普勒已经向前走了一大步. 就是说, 他的基本思想仍然是一以贯之的: 宇宙的规律是一个数学规律. 开普勒把这个规律称为和谐定律原因在此. 这个定律发表在他的《宇宙的和谐》(*Harmonices Mundi*,1619) 中. 这部书按开普勒的想法, 是《宇宙的奥秘》的续篇, 其中有许多关于正多面体的研究. 总之, 我们有了

> 3. 开普勒第三定律(和谐定律): 太阳系各行星周期的平方与轨道椭圆的长半轴的立方成正比.

用数学式子来写就是:可以找到一个常数$K$, 使得对于太阳系中的所有行星都有

$$T^2 = Ka^3 .$$

$K$ 的数值与所用的单位有关.如果取$T$和$a$的单位分别为(地球)年和天文单位(AU),则因为对于地球而言,$T = a = 1$, 所以,在这个单位下必须取$K = 1$. 在

此单位下, 开普勒第三定律可以写成

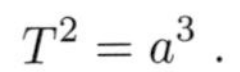

$$T^2 = a^3 .$$

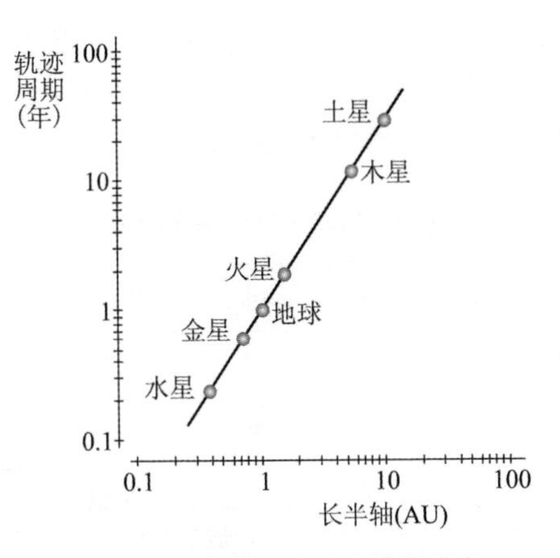


图16　开普勒第三定律依靠的数据

至此, 太阳系行星轨道的几何形状已经明确了. 那么, 为了决定这些轨道需要哪些参数? 下面我们把各行星这些参数列表如下.

由于对数对于开普勒起了这样大的作用, 开普勒专门去函纳皮尔表示感谢. 但是信还没有寄到, 纳皮尔就已去世. 他终于没有见到自己的研究确实起了他生前预想的作用. 将近两百年后, 法国数学家拉普拉斯说, 纳皮尔的对数, 因为减少了天文学家的劳动, 等于把他们的寿命延长了一倍. 第谷・布拉厄对开普勒的临终嘱托, 开普勒在1627年完成了, 出版了著名的《鲁道夫天文表》. 既包含了第谷・布拉厄的多年观测的心血, 也包括了开普勒的三大定律. 正是由于开普勒的超越, 第谷·布拉厄的一生确实没有虚度. 开普勒还写了一本《星历表》(*Ephimerides*, 1620), 题献给纳皮尔.

以上我们讨论了开普勒三大定律的内容与形成的经过. 鉴于它们的重要性, 我们将在《遥望星空(二)》中, 再从数学上讨论它们.

**表 1　行星轨道的基本数据**

| | 长半轴/AU | 周期/日 | 离心率 | 倾角/度 |
|---|---|---|---|---|
| 水星 | 0.387 | 87.70 | 0.21 | 7 |
| 金星 | 0.723 | 224.7 | 0.01 | 3.39 |
| 地球 | 1 | 365.26 | 0.02 | 0 |
| 火星 | 1.524 | 689.98 | 0.09 | 1.85 |
| 木星 | 5.203 | 4332.71 | 0.05 | 1.31 |
| 土星 | 9.539 | 10759.5 | 0.06 | 2.49 |
| 天王星 | 19.267 | 30685.00 | 0.05 | 0.77 |
| 海王星 | 30.240 | 60190.00 | 0.01 | 1.77 |
| 冥王星 | 39.553 | 90800 | 0.25 | 17.15 |

我们还应该提到的一件事情是开普勒也发现了一颗超新星的爆发(1604年).

在本节之末, 我们想要谈一下这段历史时期科学方法上一个重要特点, 那就是对观测数据更为重视. 前面说到亚里士多德时, 曾经指出, 他没有数据的概念. 托勒玫在思想上继承了他, 但是又把他的理论数学化了. 虽然均轮和本轮的理论已经多少背离了亚里士多德, 关于偏心和等距偏心(equant, 即图5上的$E, Q$ 两点——遗憾的是因为篇幅所限未能给以说明)更加如此. 但人们总认为这些大多只是细节上的改变, 无伤大雅. 然而托勒玫通过实际计算作出正弦函数表(但是要注意, 托勒玫还完全没有函数概念) 所付出的极大的艰辛努力给我们以极深的印象. 他利用欧几里得几何方法的熟练与高超之处, 一直是研究和教学的典范. 就此而言, 托勒玫已经远远超过了亚里士多德. 到了哥白尼, 他的那部基本著作《天体运行论》绝大部分篇幅多是实际的计算. 而许多人虽然赞成他的日心说, 却又感到遗憾的, 正是计算还不够完备, 不够精确. 上面说到他的支持者雷蒂卡斯作出了第一部余弦函数表, 那是在雷蒂卡斯的经济境遇有所改善后, 雇用了好几个人算了好几年的成果. 第谷·布拉厄关于数据的重要性的观点, 是他对于整个科学的巨大贡献. 至于开普勒, 他对于通过计算来探测大自然的规律, 应该说是鼻祖了. 这一点无疑应该作专门的讨论, 我们就不再说了. 这些巨人对于科学的伟大贡献, 不仅在于他们的深刻洞察力和远远超前于世人的创见, 尤其在于他们以极大的艰辛劳动从事计算, 使得这些洞察和创见不至于流于空谈. 读者会问, 在有了计算机以后, 这种劳动还有价值吗? 当然, 现在再也不必如他们那样作计算了. 但是计算作为一门科学是必不可少的. 现在我们有了种种计算机和其他仪器, 但是科学探索的艰苦仍然是无法避免的, 科学探索的欢乐也在于此. “创新工程”必须是工程, 必须要苦干. 没有工程的创新只能是欺人之谈! 如果想知道开普勒的遗产是什么, 那就是, 现在仍然保存的他的手稿有一千多张对开大纸（folio）(例如,《人民日报》的一页就是一个folio). 第谷・布拉厄的遗产, 也就是使他未曾虚度一生的, 是几十年的观测记录. 总之, 这里我们看到了科学方法的根本性的转变. 至于抽象的思辨还有没有价值, 亚里士多德的价值何在, 留待专门研究的人来回答. 但是想要回答这个问题, 至少得把亚里士多德的著作认真钻研透彻, 否则也只能是空谈.

# 四、近代科学的伟大开创者——伽利略

伽利莱伊·伽利略(Galileo Galilei, 1564—1642), 伽利莱伊是姓(family name, last name), 伽利略是名(first name). 我们通常都是"直呼其名". (他的家乡那一带常有姓和名相同的事. 他出生于比萨附近, 他的父亲出生于佛罗伦萨, 那个地区称为塔斯卡尼(Tuscany), 就常有这样的事.)在科学史中, 思想和科学上的贡献之巨大与深刻, 与反科学的宗教的斗争的坚决持久, 能与伽利略相比的人是极为罕见的. 他在日心说战胜地心说的斗争中, 可以说是打了决胜的一战. 他不仅在理论上, 而且在实验上, 开创了用天文望远镜实际观测天象之先河, 令人不得不信服地承认日心说才是真理. 他的更重要的贡献在于力学与物理学. 可以说他主要研究的是地上的事物而不是天上的事物. 但是他明确地系统地提出了近代科学的方法论, 为17世纪出现牛顿这样的科学巨人铺平了道路. 所以我们不能不以较多的篇幅介绍他, 而不以日心说的胜利为限, 这就是要为他专门设立一章的原因.

图17　伽利略

## 伽利略的生平

在科学史中很难找到如伽利略这样独创而又多产的人. 他的一生真可谓波澜壮阔. 他在哥白尼和开普勒的基础上建立了现代物理学的基本框架, 而且剥夺了亚里士多德的至高无上的“权威”. 他如同哥白尼和开普勒一样, 认为宇宙的规律是一种数学规律; 他明确提出实验是一种基本的科学方法. 他的这些思想直到今天, 仍然保持着旺盛的生命力.

伽利略自幼喜爱数学、天文学和物理学. 但是, 他的父亲却命令他学习医学. 当他在比萨大学念书时, 甚至他的数学老师也到他的家里来为他向父亲求情, 要求他的父亲允许他学习数学. 这样他才获准学习欧几里得、阿基米德的著作, 还有托勒玫的天文学. 经过多方面努力, 伽利略终于从1589年起在比萨大学教数学. 在三年的任教期间, 他写了《论运动》(*De Motu*) 一书. 这是一本文集, 但是一直没有出版, 因为伽利略对它并不满意, 而且, 其中确实有错误. 但是伽利略在临终前写的一部重要著作《关于两门新科学的对话与数学证明》(*Discorsi e Dimostrazioni Matematiche*, 1638, 以下简称为《两门新科学》, 许多外文文献则简称它为"*Discorsi*") 吸收和大大发展了《论运动》一书, 可是那已经是《论运动》成书以后的35年了. 所谓两门新科学, 一门是指力学, 另一门按伽利略的说法是指关于材料和结构的科学. 但是与我们理解的材料科学不同, 书中有时讲一些关于梁的强度等问题, 所以实际上比较接近于我们说的材料力学. 伽利略还有另一本重要著作《两大世界体系》,全名为《关于两种主要世界体系的对话》(*Dialogo Sopra i due Massimi Sistemi del Mondo*, 许多外文文献常略记为"*Dialogo*"), 更为世人所知, 而且有中文译本. 它与这本书"任务"不同, 下面我们还要说明. 在《论运动》和《两门新科学》中, 伽利略非常详尽地讲解了自己关于力学的研究成果, 特别是斜面的理论, 这是伽利略很重要的研究, 因为伽利略由此得到了自由落体定律. 可是, 更加重要的是, 伽利略从写《论运动》的时候开始, 就明确地反对亚里士多德. 从方法论来说, 《论运动》里面提出了一个具有革命性的新思想: 那就是, 各种科学规律应该用实验来证实, 而且还设计了用以验证自由落体定律的斜面实验. 这个思想当然是与亚里士多德完全背道而驰的.

1592年, 伽利略的父亲去世, 伽利略作为长子承担了养家糊口的重担（还要为两个没有出嫁的妹妹筹办嫁妆）, 于是来到帕多瓦（Padua）大学给医科大学生们教数学和托勒玫的天文学（因为那时的医生治病常用占星术, 所以要学天文学）. 这时, 伽利略就已经信奉了哥白尼的日心说, 但是还没有公开表明自己的观点. 下面是1597年伽利略致开普勒的信的摘录: "……我和您一样, 好几年前就已接受了哥白尼的立场, 而且由此发现了许多自然界的效应的原因, 而这些效应是现今流行的理论无法解释的. 我已经把关于这个主题的支持的理由和反对的意见写下来了, 但是一直未敢公之于众, 因为哥白尼的命运已经给了我警戒: 我们的大师（指哥白尼）在少数人中获得了不朽的名声, 而在大群人中却失败了（因为蠢人总是很多的）, 遭到嘲弄和羞辱. 如果有许多人都像您那样, 我当然敢于公开我的思想, 但是因为并非如此, 我也只好忍着. "我们不妨再看一下开普勒的回信: "……您既有如此深刻的洞察力, 我希望您能够采取另外的态度. 您以自己为例, 劝我们以谨慎隐蔽的方式行事, 并且在广泛存在的无知面前退一步, 在反对那一群学者暴徒的剧烈攻击时要小心从事（您在这里正是仿效了我们真正的先知: 柏拉图和毕达哥拉斯）. 但是在我们的时代, 一项宏大的任务已经启动, 首先有哥白尼, 还有许多非常有学问的数学家, 现在, 是地球在运动这个论断已经没有什么新鲜之处. 我们既已乘上了战车, 就让我们协力把它驱动, 逐步地用响亮的声音对凡人高呼. 他们其实并没有细心地去体会我们的论据的力量. 这样驶向最终的目的, 岂不更好? 这样做, 说不定只要我们小心, 也能给凡人带来真理. 同时, 您也可以用您的论据帮助您的志同道合者, 他们经受了那么多的不公正的评判, 会因为您的同意, 或者您的有影响的地位给予他们的保护而感到安慰. 不仅是你们意大利人因为没有感觉到地球的运动, 就不相信地球在动, 我们德国人也是, 用什么办法都不能使他们感到这个想法的亲切和自然. 但是我们总会有办法对付这些困难……伽利略, 打起精神来吧, 公开站出来吧. 如果我的判断不错, 在欧洲总会有少数几个数学家和我们站在一边, 真理的力量是巨大的……". 从这段引文中, 我们的读者不是可以体会到真理在那个时代所遭到的压迫?不是可以体会到这些科学的巨人的战友情谊吗? 有关伽利略为哥白尼日心说而斗争, 以致最后遭到宗教裁判所的迫害的经历我们将在下面详细介绍.

伽利略在帕多瓦大学前后共18年. 伽利略自己说, 这是他一生中最愉快的时期. 他关于力学的研究, 例如斜面、抛射体、摆的研究主要都是这个时期的成就. 值得提到的是, 1609年他在威尼斯的一位朋友沙尔皮(Paolo Sarpi)告诉他, 有一个荷兰人造了一个望远镜正在威尼斯演示. 须知, 伽利略不但是一个理论家, 而且是一个实验家; 不但会设计实验, 而且会制造实验仪器. 他制造过许多实用的东西. 于是,他自己也开始制造望远镜了, 而且有了不小的改进, 放大率提高到10倍之多. 伽利略开始利用望远镜来观测天象. 这在人类科学史上本身就是一件划时代的大事, 而在短短两个月内, 其成果之丰富有人说是空前的. 可是这也把他更深地带进了与天主教教廷的斗争. 1610年, 伽利略离开了帕多瓦大学. 一场意义极为深远的斗争开始了.

在介绍伽利略的各种贡献以前, 先要回答一个问题：他的最重要的贡献在哪一方面? 可能会出读者们的意料, 是在数学. 但是下面并不介绍伽利略证明了什么定理. 为什么要这样说?其实这是他自己的看法. 在他之前, 哲学家们, 主要是亚里士多德, 把注意力放在研究事物的"终极的原因", "存在的目的"等等, 想要回答"为何($why$)"的问题, 有着浓厚的思辨色彩. 伽利略则把注意力放在"如何($how$)"的问题上, 希望得到明确的定量的结果. 实质上就是企求数学化. 他说:

> 哲学写在大自然这本大书里, 这本书对于我们是打开着的. 但是, 除非首先学会懂得它的语言, 会读这本书使用的文字, 我们就不可能理解它. 它是用数学语言写的, 它的文字就是三角形、圆和其他几何图形. 没有它, 这本书凡人连一个字也看不懂. 没有这些就会在黑暗的深渊中迷路.

由于这段话十分重要, 我们下面还要再引述一次, 并且说明其背景. 由"为何($why$)"转变为"如何($how$)",

是科学方法的重大转变, 而其首创者则是伽利略. 有所不为是成为大师的必备的条件. 伽利略有所不为的事, 正是抽象地思辨与争论“为何 ($why$)”的问题. 这里是伽利略与亚里士多德的分水岭. 看到了这一点, 下文的意义就容易理解了.

## 伽利略与力学

伽利略对于力学的贡献, 首先应该提到他关于相对性的思想. 要研究物体的运动, 把物体看成一个点, 也就是研究此点位置的变化. 但是怎样确定一个点的位置? 伽利略指出, 必须有一个参考系. 从数学上说, 参考系就是坐标系. 附带提一下, 在数学中, 坐标系的研究和使用始于笛卡儿和费马, 也就是始于解析几何的出现, 其时间与伽利略的活动几乎相同. 但是伽利略的出发点是物理学. 既然提出参考系, 当然就要问, 什么是最自然的参考系? 亚里士多德没有提出过这个问题, 而且对于他, 这似乎也不是问题. 他既然主张地心说, 似乎最自然的选择就是以地球为参考系. 但是对于伽利略情况就不相同了: 可以有许多不同的参考系. 伽利略在《两大世界体系》一书中, 提出了非常著名的船上的苍蝇的例子: 设有一条船在河里以均匀速度$\boldsymbol{v}$由西向东行驶, 而且没有受到任何外界作用. (这里我们当然会问: 什么叫做没有受到外界作用. 我们暂时不去管这件事情, 而来讨论苍蝇的问题. ) 如果这条船把窗子完全关闭起来, 使苍蝇无法与其他参考系对照, 那么苍蝇能否判断出船是在由西向东运动还是停泊不动？如果船在转弯，或者在加速减速（这时船一定是受到了外界的作用），那么，苍蝇是会感觉到的．如果船在继续以固定均匀的速度$v$运动，苍蝇是不会知道的．其实不但是苍蝇，而且即令是人，即令此人带了最先进的仪器，只要这个仪器是固定在船上而且不能与船外参照，则人也无法回答这个问题．总之，如果以这种匀速行驶的船为参考系，就会得到著名的伽利略相对性原理如下：

> 伽利略相对性原理：在一个以匀速（即是说速度大小与方向均不变）运动的不受外界作用的参考系中做任意力学实验，均无法判断此参考系是否在运动，无法知道其速度是多少．

当然，他本人并未提出相对性这个名词，更没有明确地提出这个原理的文字陈述，但是他确实认识到匀速直线运动这种运动状况的极大的重要性，所以我们在明确了伽利略的研究成果建筑在此原理的基础上以后，就称之为伽利略相对性原理．由此立刻就有一些推论．

首先，在这种参考系中速度并无绝对的意义．如果苍蝇在船上是固定不动的，则相对于船这个参考系，苍蝇是静止的，其速度为0．如果我们站在岸上看，而河岸是另一个参考系，我们就会认为苍蝇也以速度$v$在运动．但是河岸与船同样也没有受到外界作用，所以也可以用作伽利略相对性原理中所说的参考系. 在这个参考系中, 我们可以说苍蝇并非静止不动的而是在作匀速运动(或者说详细些, 在作匀速直线运动). 进一步考虑, 设$\boldsymbol{v}$的方向是东西向, 而苍蝇以另一个固定速度$\boldsymbol{w}$ 从右舷向北飞向左舷 (即苍蝇也在作匀速运动), 则例如在1秒钟以后苍蝇得到一个位移. 那么, 这个位移是多少?这要看对于哪一个参考系而言了: 对于船, 它是向北的$\boldsymbol{w}$, 但对于岸, 则是向着某个北偏东的方向的位移. 这里有两个答案. 哪一个更正确? 或者说更好? 按照伽利略相对性原理, 这个问题是毫无意义的.

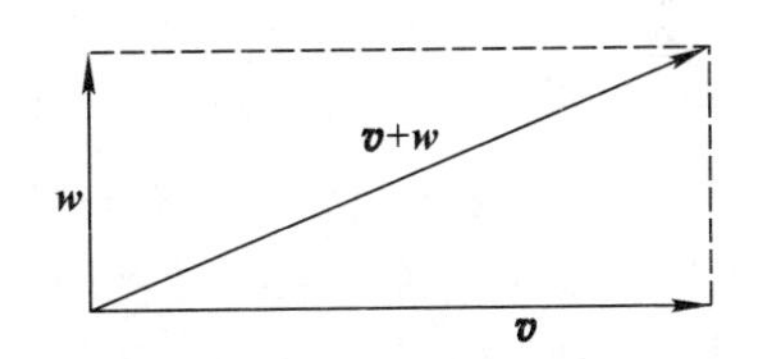


图18　从力学上说, 这就是在不同参考系下苍蝇的位移. 从数学上说, 这就是位移向量的合成.

读者马上就会看到, 伽利略说的向量的加法, 从物理学的角度来看, 就是这些向量的独立性. 这个思想十分重要, 下面讨论自由落体时我们还会回到这个问题.

伽利略相对性原理有一个非常重要的推论. 如果一个物体没有受到外界作用, 它的运动状况如何? 如果我们把参考系就固定在此物体上, 则此参考系未受外界作用, 而此物体在此参考系中静止. 如果换成另一个未受外界作用的参考系, 则由伽利略相对性原理, 它在做匀速运动. 这两个答案哪一个对?按照伽利略相对性原理, 这个问题没有意义, 或者说两个都对. 准确些说, 静止和匀速直线运动是一回事, 只看对哪一个参考系而言. 于是我们得到了一个我们都已经很熟悉的结论:若一物体不受外界作用, 它必做匀速(直线)运动. 读者会说, 这不是牛顿的第一定律吗?牛顿岂不是侵犯了伽利略的"知识产权"吗? 每一个愿意献身科学事业的人都应该明白, 科学是第一位的, 科学家只是第二位的. 牛顿力学不是凭空出现的, 而是有着深刻的历史根源. 关于相对性的研究就是其重要来源之一. 现在我们还是回到哥白尼的日心说.

前面讲到开普勒时, 我们曾用比萨斜塔实验来说明, 当时何以有许多人反对地球有自转. 现在用参考系就可以很好地解除人们的疑惑. 设一个物体在时刻$t_0$ 从比萨斜塔顶上$A$ 点处掉下来, 在时刻$t_1$ 落到了地面$B$ 点处. 但是在从$t_0$ 到$t_1$ 这段时间里, 因为地球的运动, 斜塔会从$AB$ 移动到$A'B'$ , 那么物体是沿直线落在$B$ 处还是沿斜线落在$B'$ 处呢? 问题要看我们是在哪个参考系中观测这一现象. 如果我们也是在固定在地球上的参考系中, 我们当然会看见物体的运动轨迹是垂直于地面的$AB$ (我们的日常经验正是这样的). 但是如果我们跑到地球外面找了另一个参考系, 我们会看见地球匀速运动, 所以塔的底部已经走到了$B'$ 点. 这样, 在$(t_0\ ,\ t_1)$ 这段时间里, 物体走过了$AB'$ 而会落在$B'$ 点. (但是实际上问题复杂得多. 因为地球并非在作匀速直线运动, 它还有自转与公转. 说地球在作匀速运动只是一个近似.）物体下落的方向也不是平行地向下，而是向地球的球心．牛顿在考察万有引力问题时，这些问题都考虑到了．总之匀速直线运动这个条件在这里起根本的作用．这个问题在本书第二册里还会讲到．

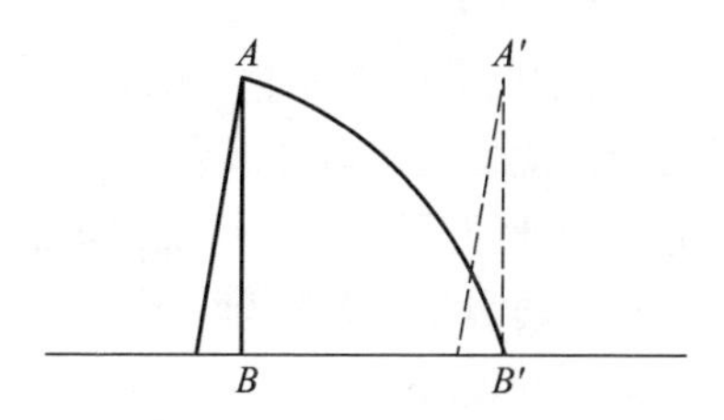


图19　在两个参考系中看物体从斜塔上的下落

伽利略相对性原理与亚里士多德的理论是完全不相容的．亚里士多德认为地界的自然的运动应该是直线运动，而因为地上的东西都是不完美的，这种运动一定会逐渐变慢最后停下来．要想它继续运动，就一定要有力的作用．(不过亚里士多德并没有关于力的准确概念，那要等到牛顿，所以亚里士多德只能模糊地说是“某种原因”．)至于天界中的天体，因为是完美的，其自然的运动应该是完美的匀速圆周运动而非匀速直线运动，而伽利略则指出，在没有外界作用的条件下，物体必定保持匀速直线运动的状况．亚里士多德把界限划在运动与静止之间，而伽利略则把界限划在匀速直线运动与其他运动状况之间．到了牛顿的时代人们可以回答“什么是力”这个问题了，牛顿说：改变物体匀速直线运动状况的东西就叫做力．那时我们才知道力造成速度的改变，即生成加速度, 而不是生成匀速直线运动.

读者还会看到, 伽利略在这里应用了向量, 而且还应用了向量的加法规则. 但是向量理论是在19世纪才最后明确的, 伽利略怎么可能预知三百年后的数学呢? 这里我们要再一次引用他的那一段著名的话. 这句话出自他的《试金者》(*Assayer*, 1623) 一书. (所谓试金者就是测定黄金成色的人. 这本书又是一本论战之作, 是为了回答一个反对者的批评, 伽利略所取的书名其实是语带讥刺: 看看这位反对者成色如何.) 这段话如下:

> 哲学写在大自然这本大书里, 这本书对于我们是打开着的. 但是, 除非首先学会懂得它的语言, 会读这本书使用的文字, 我们就不可能理解它. 它是用数学语言写的, 它的文字就是三角形、圆和其他几何图形. 没有它, 这本书凡人连一个字也看不懂. 没有这些, 就会在黑暗的深渊中迷路.

看来这段话可以从两个角度来理解. 一方面, 要使用向量之类的数学语言来讲述大自然的奥秘; 另一方面, 可以用物理的语言来讲解数学. 伽利略就是使用力、位移、速度等在讲向量. 我认为现在我们一个重要的缺点就是不能用物理来理解和研究数学.

伽利略于是着手来建立力学——即关于运动的科学. 他有一个宏大的计划. 他在《两门新科学》(本

节下面凡是引用伽利略的话, 如无特殊的声明, 都是来自此书)中说:“我的目的是建立起一门关于一个非常古老主题的科学. 在大自然中大概没有比运动更古老的东西了, 关于它, 历来的哲学家写的东西既不少, 篇幅也不小, 然而我发现, 它有一些应该知道的性质, 至今或者没有人观察过, 或者没有人证明过. 确实有过一些很表面的观察, 例如自由落体的自然的运动是不断加速, 但是加速到多少还没有人说过……我还证明了一些事实, 为数不少, 意义也不小, 但是我认为更重要的是, 由此开辟了这门极广泛又极卓越的科学, 本书只是一个开始, 是其他比我更敏睿的心智能够探索其遥远角落的途径和手段.” 在这里真正重要的是伽利略提出了系统的科学方法论, 现代科学正是按此方法论建立起来的. 伽利略首先要求提出关键的现象, 给出明确的概念. 问题抓得是否恰中要害, 表现了伽利略的天才. 而且一般说来, 一个科学家的天才也表现在能否抓住关键的问题. 伽利略抓住的是匀加速运动. 他明确地给出了匀加速运动的概念, 即在相同时间区间中速度的增加量也相同的运动. 对于伽利略, 速度与加速度的概念都是明确的, 动量概念也是比较准确的, 但是力和惯性的概念, 则有待于牛顿提出和完善. 第一步是明确的概念, 第二步则要求对于匀加速运动提出基本的假设. 伽利略的基本假设就是自由落体的运动是匀加速运动. 写到这里, 不由得要发表一些看法. 在我们的教材和科普书籍中, 时常用一句简单化的话来代替认真的分析, 说是伽利略爬到比萨斜塔顶上丢了几块石头，就发现了自由落体定律. 类似的神话还有牛顿在苹果树下睡午觉，一个苹果打到他的头上，送给他万有引力的灵感. 这种话哄哄小学生还差不多，对于有着强烈求知欲望的青年人，难道就不怕人家挖苦你：我们都到公园去睡午觉，说不定既有伟大科学成就，还有点战利品:苹果. 何况乎古人还说过，呆在树下，说不定会来一只兔子. 还说过"一心以为有鸿鹄之将至"，说不定会飞来一只金凤凰. 姑不论伽利略并没有到比萨斜塔上去丢石头，在当时的技术条件下，准确地测定时间和高度都办不到. 甚至，亚里士多德认为重物下降较快也还有一定的经验基础. 因为那时人们并不懂得空气的阻力作用. 一片羽毛下降的速度确实比一块石头下降的慢得多. 伽利略在提出自己关于自由落体必为匀加速运动的假设时，必须回答亚里士多德错误何在的问题. 令人吃惊的是，伽利略并没有谈论空气阻力，而首先是从逻辑上指出亚里士多德的结论是站不住脚的. 下面伽利略的分析见于他的《论运动》一书，而在《两门新科学》中则有更详细然而意思相同的分析. 为简单起见，这里没有引用原文，但是图20却来自该书. 图上伽利略伸出一只长长的手让一个石头(设其质量为$2M$)自由地向下落，而且设它的下落速度是$2v$. 如果把这个石头平分为两半，则每一半质量只有$M$，下落速度按照亚里士多德的说法也应该减少到一半，即为$v$. 如果用一条细线把这两半连起来，它的下落速度又应该恢复为$2v$. 但这是无法想象的. 这就证明了亚里士多德的结论是没有根据的.

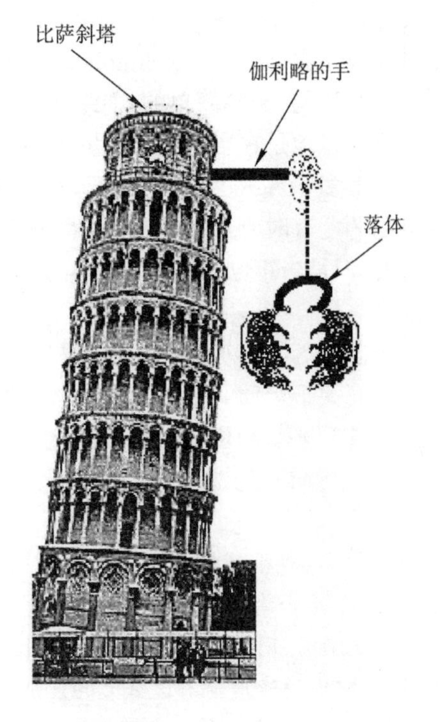


图20　伽利略用比萨斜塔反驳亚里士多德

那么, 正确的结论如何?我们再来看看《两门新科学》这本书. 它和伽利略的另一本更著名的著作《两大世界体系》一样, 是以对话方式出现的. 两本书都是四天的对话记录, 第一天的对话就是第一章, 等等. 两本书中参加对话的是同样三个人: 萨维亚蒂（Salviati, 以下简记为SALV）, 就是伽利略本人的化身. 第二个人叫辛普里丘（Simplicio, 以下简记为SIMP）, 他是亚里士多德的信徒. 古希腊有一个哲学家叫类似的名字Simplicius, 那是6世纪的一个专门注释亚里士多德的人, 而Simplicio在意大利语中的发音听起来与“头脑简单的人”差不多, 所以伽利略在这里明显地是在影射挖苦亚里士多德. 第三个叫做萨格雷多（Sagredo, 以下简记为SAGR）, 他是SALV的学生, 有时有点糊涂. 这两本书读起来都很生动活泼, 但是当年也给他带来不小的麻烦. 下面言归正传.

在关于自由落体的对话里, 辛普里丘首先陈述了亚里士多德关于运动的主张, 即物体运动的速度与物体的质量（伽利略还没有质量的概念）成正比. 对于这个主张, SALV说:

SALV: ……我很怀疑亚里士多德自己是否做过这样的实验, 是否真有这样的情况, 两个石头, 一个比另一个重10倍, 同时从例如100 cubit(长度单位)的高度下落, 它们的速度会有这么大的区别, 重的一个已经到了地面, 轻的一个还只下落10 cubit.

SIMP对此并不是用自己做过的实验来回答, 而更像是在抠圣经的文字.

SIMP: 从他的话听起来好像是他做过这样的实验. 因为他说了“我们看见重的一个如何如何”, 没有做过实验, 怎么会看见呢?

这时, 萨格雷多也参加进来了, 他说:

SAGR: 但是, 辛普里丘, 我做过这个实验, 可以让您确信, 一个炮弹, 重100或200磅, 甚至更重, 和一颗质量只有半磅的步枪子弹相比, 如果从同样的200 cubit高度下落, 落到地面也不会超前一个span（也是长度单位）.

SALV打住了SAGR 而进一步讨论实验问题. 我们就不再引述了.

这标志了科学方法论上的一个大飞跃: 科学结论是否是真理, 不能仅只凭过去的权威学者(如亚里士多德)的话为准, 一切都要经过实验的检验以及逻辑的推理. 上面我们说到伽利略的方法论: 首先要把问题陈述明确; 其次要作出基本的假说; 可是最重要的是通过实验, 验证这个假说, 而且进一步发展它. 但是, SALV 说, 先还不必谈自己的实验, 因为亚里士多德的结论从逻辑上看就站不住脚. 于是他给出了图20那样的论证. 然而, 这样的论证还没有定量地说明自由落体的运动情况. 实际的实验是必不可少的. 下面我们就来看一下伽利略本人是怎样通过实验来解决这个问题的. 比萨斜塔的故事只是一个故事, 因为在当时技术条件下, 是做不到的. 首先是无法精确地测定时间, 同时也无法精确地确定落体下落的高度. 伽利略在这里的作法, 和现代科学家是一样的. 在《两门新科学》这本书里, 详细介绍了这个实验的设计和结果. 既然问题在于真正的下落过程太快, 伽利略就设法把过程“放慢”, 办法就是考察一个物体沿斜面的下落. 读者会想, 如果令斜面的倾角为$\theta$, 则斜面上的物体得到的加速度是$g\ \sin\theta$, 那么他是否应用了三角学知识? 这里读者可能是想岔了. 伽利略虽然也使用了重力或引力 (gravity) 这个词, 但他当然没有$g$ 的概念, 那要等到牛顿. 伽利略的任务是证明斜面上的运动是匀加速运动, 牛顿后来才提出何以会有匀加速, 才得出万有引力的理论. 到那时才会出现$g$ . 用今天的语言来说, 伽利略是从运动学的角度, 而牛顿是从动力学的角度来考察斜面运动问题的. 在《两门新科学》这本书里详细解释了斜面的构造, 多么长, 多么宽, 倾角多少以及实验的结果如何, 等等. 为了避免文字太长, 我们就不来抄录原书, 而用我们现在的语言和符号来加以解释. 不过我们肯定没有把今天中学生都懂而当时伽利略不懂的概念强加于他. 用$t$ 记时间, $s$ 记从斜面顶端下落的距离 (即位移) , $t=0$ 时$s=0$, 而$t=t_1$, $t_2$ 时$s=s_1$, $s_2$. 于是运动速度是$v=\dfrac{s_2-s_1}{t_2-t_1}=\dfrac{\Delta s}{\Delta t}$ . 如果$v=$ 常数, 就得到匀速运动. 但是在加速运动中速度随时间变化, 从而设$t=t_1$, $t_2$ 时$v=v_1$, $v_2$ , 于是加速度就是$a=\dfrac{v_2-v_1}{t_2-t_1}=\dfrac{\Delta v}{\Delta t}$ . 匀加速运动就是$a=$ 常数的情况. 那么这些运动量之间的关系如何? 对于匀速 (直线) 运动, 我们有$s=vt$ .以上一切, 伽利略都很明确, 而且把这些概念和结论都以欧几里得式的定义定理形式写在他的书中. 在匀加速运动中, 由$t=t_1$ 到$t=t_2$ 的时间段中, 位移应是多少? 伽利略认为, 可以用速度为平均速度$v_{\text{ave}}=\dfrac{1}{2}(v_1+v_2)$ 的匀速运动来代替加速运动. 在我们看来这个想法实在是再自然不过了. 可是伽利略并没有因为这看来很"自然", 就顺其自然, 马马虎虎用了上面的公式. 这里面还有好大一篇文章, 就是蕴含了积分学的思想, 我们下面再说. 现在, 我们来看一个例子. 令$a = 2$（单位不计）, 而时间$t$ 则每隔一个单位时间取一个值. 然后把实验结果列表如下（设$t = 0$ 时的初速度为0）:

| 第 $n$ 个时刻，$t=t_n, n>0, t_0=0$ | $n=1$ | $n=2$ | $n=3$ | $n=4$ |
| --- | --- | --- | --- | --- |
| $t=t_n$ 时的速度 | 2 | 4 | 6 | 8 |
| 从 $t_{n-1}$ 到 $t_n$ 的平均速度 | 1 | 3 | 5 | 7 |
| 从 $t_{n-1}$ 到 $t_n$ 的位移 | 1 | 3 | 5 | 7 |
| 从 $t=0$ 到 $t_n$ 的总位移 | 1 | 4 | 9 | 16 |

最后一行的数据显然与公式$\sum\limits_{k=1}^{n}(2k-1) = n^2$ 相吻合. 这个公式毕达哥拉斯已经知道, 而且是非常著名的. 这一类数列求和公式在积分学的发展中起了很大的作用. 伽利略用不同长度的斜面做实验（即让$n$取许多不同的值）, 都得到这样的结果: $s/t^2 = \frac{1}{2}a =$ 常数. 按照图20那样的论证方法, 伽利略已经知道, 这个常数与物体的重量（质量）无关. 然后, 伽利略又采用倾角不同的斜面来做同样的实验, 结果也是

相同的, 但常数值不同(虽然仍与重量无关).虽然他还不知道这个常数就是$\frac{1}{2}g\sin\theta$ , $\theta$ 是斜面的倾角, 但是他看出来了, 当$\theta \to 0$ 时这个常数也趋于0.

一项科学实验要得到承认, 必须是可重复的. 实验的可重复性, 是现代科学起码的要求. 伽利略的研究就此而言也是符合现代科学标准的. 在美国, 现在有不少大学, 把重复斜面实验作为学生学物理学的一项教学活动 (注意, 他们不允许用秒表等现代的计时工具, 而要求一定要用当年的水漏), 学生们仍然得到同样的结论.

现代的科学方法论要求在完成一项实验以后, 还要看是否由此可以得到其他的结果. 如果设斜面的倾角$\theta \to 0$ , 而斜面长度无限, 则加速度会无限地趋向0, 也就是说该物体的运动会变成匀速直线运动. 但这时在斜面的水平方向上是没有力的作用的, 在这个方向上, 外界对于该物体没有作用, 这样伽利略就在对外界作用加上方向的考虑以后, 得知如果在某个方向上没有外界的作用, 则物体必在该方向上作匀速直线运动. 再看到以上关于伽利略相对性原理的讨论, 就知道伽利略已经非常接近牛顿第一定律和他关于惯性系的理论了.

伽利略的这个考虑还表现了他关于各个方向上的作用(力)的独立性的思想. (图19实际上是位移向量的独立性. )他把这个思想应用于抛射体 (例如从炮口射出的炮弹) 的运动, 并且把它分解为两个成分. 第一个是水平运动. 他说:"想象一个质点沿着没有摩擦的水平平面抛出, 我们知道……它将会沿此平面匀速地而且永恒地运动, 只要这个平面是没有边界的. ”然而, 这个平面可以是有尽头的, 例如一张桌面, 质点运动到头就会掉下去了. 伽利略看到那个水平的匀速运动仍然会无尽止地继续下去, 但同时会再附加上一个同样是他研究过了的运动: 自由落体的下落. 伽利略的天才在于指出, 这两种运动的规律将同时互相独立地起作用. 伽利略把这称为复合运动. 那么, 伽利略是怎样得出复合运动的规律呢? 其实和我们今天中学教材的讲法是一样的, 只不过没有用现代语言而已. 于是他得出以下结论:

| 抛射体的运动轨迹是抛物线. |
| --- |

这个问题看来简单, 其实不然. 开普勒得到天上的物体的轨迹是椭圆, 伽利略得到地上的物体的轨迹是抛物线. 二者之间有什么关系呢? 椭圆和抛物线都归属于一般的圆锥曲线, 其研究始于古希腊. 最重要的数学家是阿波罗尼奥斯. 他在《圆锥曲线》(*Conic Sections*)一书中确立了研究这些曲线的基础. 他对圆锥曲线的定义就是我们熟知的平面与圆锥面的交线(或截口). 天体和地上的抛射体的运动轨道其实都是受了一个吸引中心的影响: 在太阳系, 这就是位于焦点的太阳, 在地面上则是地心. 那么, 一般的引力规律是什么? 要等到伟大的牛顿出现才能回答这个问题.

同样, 我们再一次强调, 在这里, 水平方向和铅直方向运动的独立性, 以及如何将二者复合起来, 其实就是向量加法的平行四边形法则. 只不过, 对于伽利略和将来的牛顿, 极为重要的向量概念和向量运算都还不存在, 伽利略和牛顿都是用欧几里得几何的语言来陈述的. 他们毫无疑问都是这方面的高手. 可是, 欧几里得几何尽管在这以前的一两千年中一直是人类认识自然界规律的有力武器, 现在已经不够了. 历史呼唤一种新数学的出现. 这就是微积分, 而牛顿是微积分的当之无愧的伟大旗手!

其实伽利略已经预见到这一门伟大的新数学的出现了.

我们前面在讲到匀加速运动中如何求某一时间区间$[t_0, t_1]$中的平均速度时, 说到伽利略是按一个十分“自然”的方式, 取$v_{\text{ave}}=\dfrac{1}{2}(v|_{t_0}+v|_{t_1})$. 伽利略感到这里面有问题. 我们今天看来, 问题在于, 在匀速直线运动中, 位移$s=v(t_1-t_0)$可以由$(t, v)$平面上的一个矩形的面积来表示, 这个矩形的两个纵边是$t=t_0$, $t=t_1$, 而横边是$v=0$, $v=$常数(匀速的速度). 但在变速运动情况下, 位移是$s=\int_{t_0}^{t_1}v(t)\mathrm{d}t$, 从几何上说, 这个积分自然是一个面积, 但是说这个面积在物理上恰好是位移, 就必须把积分的全过程走一遍: 分割, 近似求和取极限. 伽利略和他的学生们以及那个时代的不少数学家, 研究过不少积分, 主要是$\int_a^b t^k\mathrm{d}t$ ($k=$正整数) 类型的积分. 那时还没有清晰的积分理论, 所以伽利略知道其中的困难何在. 其实各个民族在解决这个困难时实际上走的都是同一条路. 我们不妨套用刘徽的“口诀”: “所割弥细,

所失弥少, 割之又割, 以至于不可割, 则与实际情况合体而无所失矣."刘徽的问题是求圆的周长. 这也是一个积分问题. 可是, 如果我们把刘徽这段话当作口诀, 随时套用, 以为没有问题, 伽利略可不作如是观. 准确些说, 从古希腊以来的欧洲人都不作如是观. 割之又割, 岂不割成了无穷小? 可是无穷小就再也不可割了吗? 到那时真的会与实际情况"合体而无所失"了吗? 从芝诺(Zeno of Elia)到伽利略大约有两千年, 这些问题一直如冤魂（应该说是如来菩萨的西天真经）一样缠绕着欧洲人的思想. 两千年的修炼, 快成正果了. 伽利略生活在成正果的前夕. 在《两门新科学》里, 他用很大的精力讨论无限和无穷小等. 我们熟知的伽利略悖论, 即无限集合可与它的一个真子集一一对应, 就写在这本书里. 伽利略遇到的困难, 正是微积分就要出生的先兆, 是临产前的阵痛! 修炼而未成正果, 一定会出毛病.

任何伟大的科学家, 必然会受到历史条件的制约, 走到一定的地方就走不下去了. 伽利略当然也是一样. 作曲家舒曼写过一部著名作品:"未完成交响曲", 伽利略也有一部"未完成交响曲", 这就是摆的理论. 伽利略在此停步其实预示伟大的科学发现和转折就在眼前.

讲到伽利略对摆的研究, 就不能不提到一个人: 文琴佐 · 维维安尼 (Vincenzo Viviani, 1622—1703). 他先是托里拆利（Evangelista Torricelli, 1608—1647）的学生. 托里拆利与伽利略关系密切, 可以说是伽利略的学生. 他是第一个会抽真空的人, 他发现了大气压强, 又制造出第一个汞柱气压计. 他在积分学、摆线和其他曲线的研究上有重要贡献. 维维安尼1639年来到伽利略身边, 当时伽利略重病在身, 又被宗教裁判所囚禁在家, 已经失明. 当时维维安尼只有17岁, 就成了伽利略的唯一的学生、伴侣、秘书和助手. 伽利略的科学研究以及日常生活全靠维维安尼照顾. 1642年伽利略去世, 因为是宗教的戴罪之身, 不能安葬在教堂里. 自此以后, 维维安尼一直为伽利略的平反而奔走. 1730年, 伽利略获准重新安葬在教堂里, 葬在佛罗伦萨的圣克罗齐(Saint Croce)教堂. 人们为伽利略在这个教堂的墙里建了一座美丽的墓, 他的骨灰就安放在里面. 这座墓与米开朗琪罗的墓正对着. (有人说伽利略是米开朗琪罗投胎转世, 因为米开朗琪罗死于1564年2月18日, 正是伽利略出生日. 不对了, 伽利略生于1564年2月15日, 比米开朗琪罗之死早了三天. 同样又有人说牛顿是伽利略转世, 这还差不多. )当时维维安尼也已去世, 但是为伽利略建墓用的钱正是维维安尼留下的. 第一部伽利略全集也是由维维安尼编辑的（1655—1656）. 我们现在知道的伽利略关于摆的研究情况也大多来自维维安尼的记载.

后来维维安尼自己的骨灰也葬于圣克罗齐教堂, 这是一个多么感人的师生之情的故事.

伽利略关注到摆, 始于他的少年时代, 即1581年. 那时, 他还是比萨大学的学生. 据说有一天他在比萨的大教堂(就在比萨斜塔后面)里注意到, 吊灯随风摆动, 而且不论风大风小, 摆动的周期都是同样的(当时并没有准确的计时工具, 伽利略只能按自己的脉搏来确定振动一周的时间相同. 这个性质称为摆的等时性). 回到家里以后, 他又做了多次实验:不论摆幅的大小以及摆锤的质量, 周期都是一样的(但摆长变化时, 周期一定会变). 计时的问题, 不论是在伽利略的各种研究中, 还是在当时的科学与技术中, 都是非常重要的关键问题. 那时, 计时或者用日晷(只有在有太阳时才能用, 而且一测就得24小时), 或者用水漏. 伽利略的斜面实验就是用的水漏. 有人按当时的条件复制他的水漏, 发现其精度只能达到0.2秒. 伽利略关心摆的问题还有一个原因, 那就是, 这个问题不可能在亚里士多德的框架下来讨论. 因为亚里士多德的运动, 要么是重物向下坠落, 回到自己"自然的位置"(叶落归根), 要么是完美的天体沿完美的轨迹——圆周——旋转, 再不就是二者的混合. 总之, 没有往复振动这回事. 伽利略反对的还有, 亚里士多德只作定性的分析而无定量的数学分析. 因此伽利略一直注意摆动研究. 从现在能找到的记录看, 伽利略在1588年就有研究的记载, 1602年, 他有了一个应用摆来做定时装置的设计, 并且告诉了自己在威尼斯的一个著名医生朋友桑托里奥 (Santorio Santorio, 1561—1636) , 这个人也和伽利略一样, 姓和名都叫桑托里奥. 当时伽利略在威尼斯有一个朋友圈子, 里面都是思想比较先进、支持哥白尼的人, 桑托里奥是其中之一. 前面讲到望远镜时, 还提到了一个保罗・沙尔皮 (Paolo Sarpi), 也是其中一位. 桑托里奥确实利用伽利略的设计造了一个仪器, 他称之为脉搏仪(pulsilogium), 用来给病人量脉搏. 总结伽利略的思想, 他认为用细绳系着一个重物做成的摆具有等时性, 其周期$T$ 与摆幅大小和摆锤质量均无关, 但是与$\sqrt{l}$ 成正比. (现在我们知道准确的公式是$T = 2\pi\sqrt{\frac{l}{g}}$ . 这里$l$ , $g$ 分别是摆长与重力加速度. )当然, 这个结果是有问题的, 因为它只适合于一种理想的状况, 即摆幅$\theta$ 适合条件$\sin\ \theta \approx \theta$ , 即摆幅甚小的情况. 这种理想的摆, 称为单摆, 但它刻画了一种最重要的振动现象, 物理学中常称为谐振子(harmonic oscillator). 它之所以重要, 部分的根据在于, 没有谐振子就不会有波动理论, 后来就不会有麦克斯韦的电磁理论, 当然也就不会有相对论. 同样也不会有量子物理, 因为普朗克在研究黑体辐射从而提出量子理论时, 每个辐射量子普朗克都认为是谐振子. 谐振子只是伽利略的摆 (通常称为数学摆) 的近似. 或者说伽利略正是通过数学摆这一具体的现象, 认识到谐振子这一具有本质意义的东西. 然而作为具体的事物, 说数学摆具有等时性, 伽利略确实说错了. 我们知道, 如果摆幅超过20° , 等时性不存在是明显的. 这对于伽利略可以说一直是一桩隐痛. 伽利略知道, 他所遇到的是亚里士多德无法说明的东西, 他也一直想用自由落体去解释它, 所以在他的两本著作《两大世界体系》和《两门新科学》里, 伽利略都曾提到摆的问题.

到了1639年, 伽利略已被天主教廷囚禁在阿尔切特利 (Arcetri) 的家里, 这时他听说惠更斯(Christian Huygens)写了《摆动计时仪》(*Horologium Oscillarium*)一书(惠更斯在1656年申请了专利, 实际造出了一个以摆为基础的时钟, 其精度达到每天误差不超过1分钟, 后来又改进到误差不超过每天10秒, 其时伽利略已去世15年了. 此书则在1673年发表), 于是在自己临终之时, 又一次从事摆的等时性的研究. 按维维安尼在一篇文章中的记载:

> 1641年的一天, 那时我正和他一同住在阿尔切特利的别墅里, 我记得, 他又想到摆可以和重锤或弹簧一起用来造钟, 以代替通常的节拍器(tempo), 他希望摆的非常均匀而且自然的运动可以用来改进钟的制造技巧中的缺点. 但是他的失明使他不能画图, 不能造出有此效果的模型. 他的儿子文琴佐·伽利雷(Vincenzo Galilei)有一天从佛罗伦萨来到阿尔切特利, 于是伽利略把自己的想法告诉了他, 后来又谈了好几次. 最后他们画出了草图(此图没有流传至今, 但是, 现在佛罗伦萨的科学史博物馆中藏有后人按此设计图造出的摆的模型——本书作者), 以便实际造一个, 造这种机器事实上有许多困难, 而这些困难, 简单的理论研究很难预见.

所以, 就以数学摆为基础来制造时钟而言, 伽利略没有成功. 或者说, 这种摆锤的运动轨迹——圆弧, 并不如伽利略所设想的那样, 它没有等时性. 那么什么曲线具有等时性呢? 大约在1656年惠更斯就指出, 旋轮线具有"自然的周期", 以它为基础做出的摆就有等时性. 具有讽刺意义的是, 伽利略就是最早研究旋轮线的数学家之一, 旋轮线这个名字也是伽利略给取的. 但是伽利略却不知道正是这个曲线具有等时性. 正因为它具有等时性, 所以旋轮线也叫摆线. 我们要问, 为什么伽利略在此输给了惠更斯呢? 因为惠更斯考虑这个问题的基本着眼点是曲线在其上一点附近的切线、法线、渐伸线 (也称渐开线) 等, 其要害就是要善于在一点附近 (用现代语言来说就是局部地) 处理问题. 微分学的本质正在于此. 伽利略虽然为这类微积分问题操够了心(其实更早一点的开普勒也一样, 他甚至写过一本《酒桶体积的新测定法》, 在他的《新天文学》一书中他很自由地应用他所理解的这种积分学), 微积分却正是伽利略的软肋. 就天时地利人和而言, 惠更斯比他幸运多了. 是谁完成了这桩伟业? "江山代有才人出, 各领风骚几百年", 这人就是牛顿.

## 伽利略和他的望远镜

1609年发生了这样一件事. 伽利略在威尼斯听说有个荷兰人做了一个望远镜. 于是, 他也做了一个, 用以观测天象, 还把观测结果写成一本小书《星空信使》(*Starry Messenger*). 望远镜打开了伽利略的眼界, 也打开了全人类的眼界, 使他以及全人类看

见了许多亚里士多德和托勒玫没有看到过的东西,

- 太阳有黑子, 月亮上有环形山和“海洋”(其实是其他天体撞击月球形成的凹坑). 这些发现清楚不过地证明了, 亚里士多德认为天界里的星球都是完美无缺的, 这种想法是没有根据的.
- 更重要的是看见了木星有4个卫星. 这就使得人们会感到, 日心说实际上是非常自然的. 至于土星的环, 因为伽利略的望远镜能力不大(只能放大8~10倍), 所以还分辨不清, 所以他说:土星长了耳朵.
- 伽利略还把望远镜对准了银河, 发现了它其实不是一条河, 而是无数的星星. 这就更加说明, 圣经和亚里士多德关于天的“见解”说得再好也是过于狭隘. 圣经上什么时候说过上帝造了那么多星星?
- 他还发现了金星也如月亮一样, 有新月满月, 上弦下弦. 其实托勒玫也承认金星有相, 但是按照地心说, 金星位于太阳和地球之间, 太阳在金星后面(见图2), 所以只有在太阳从后面微微露出, 或者即将隐去时, 可以看见金星的“月牙”而不会有金星的“满月”. 伽利略看见金星也有满月, 恰好证明哥白尼是正确的, 而托勒玫的地心说错了. 附带说一下, 因为太阳亮度太大, 所以只有在黄昏和破晓阳光较弱时, 肉眼才可以看见金星. 我国古人常把金星说成“太白”和“长庚”, 好像是两个星, 原因在此.

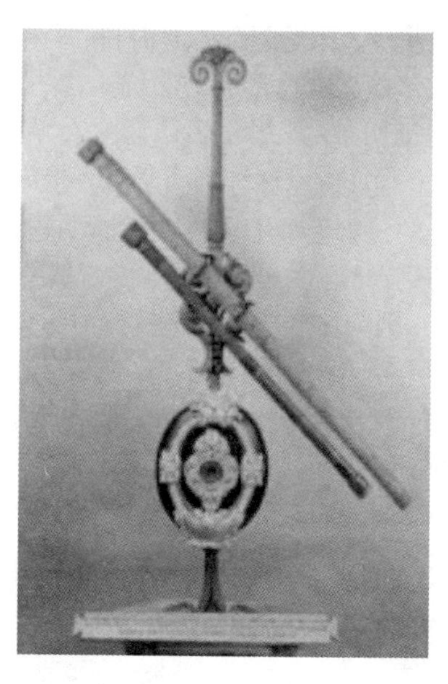

图21　伽利略的望远镜模型,现存佛罗伦萨科学史博物馆

眼见为实，伽利略望远镜的发现，应该说对于亚里士多德学说和天主教教义是一个毁灭性的打击. 可是情况并不如此. 不少人干脆拒绝看一看望远镜. 在他们看来，凡是与亚里士多德学说和基督教教义相违的事实，哪怕是眼见的，也是假的，是魔鬼的障眼法. 1615年伽利略在他给塔斯卡尼女大公克里斯琴娜(Grand Duchess Christina of Tuscany)的著名信件中这样描写当时亚里士多德的追随者是怎样反对他的："他们更关心的是他们自己的主张，而不是真理，他们想要否定和反驳的新事物，这些新事物如果

他们愿意自己去看一看, 他们的感官自然会向他们证明的. 为此, 他们极尽疯狂攻击之能事, 发表了许许多多充满空话的文章, 而且他们犯了一个严重错误, 就是加进了圣经里他们自己都不懂的、完全不适用的只言片语. ”在给开普勒的一封信中 (1610), 他说: “亲爱的开普勒, 您会怎样说我们这里的学者们呢, 他们充满了角蝰 (asp, 一种非洲毒蛇) 的固执, 顽固地拒绝从望远镜里看一看, 我们该怎样对待这件事呢? 我们是该笑, 还是该哭? ” 开普勒是他的热情支持者, 他自己也造了一个望远镜, 还写了一本书《关于星空信使的谈话》. 有趣的是, 伽利略给开普勒的关于望远镜的发现的信, 甚至使用了密语. 例如在讲到金星和月亮一样有不同的相时, 伽利略说“情人们的母亲 (指金星, 因为金星和爱神是同一个字Venus) 也长得和Cynthia (月光女神, 指月亮) 一样”. 不知这是出于某种幽默感还是处于某种压力下的表现.

现在情况已经很清楚, 伽利略和亚里士多德—天主教廷的矛盾已经是不可调和的了.

## 伽利略与宗教裁判所

发生在17世纪的宗教裁判所对伽利略的迫害, 是人类历史上一次具有重大意义的事件. 它深刻地展示了宗教与科学的对立和斗争. 科学和宗教是不可调和的. 它们之间的斗争过去现在都存在, 将来仍然会存在, 而以不同形式表现出来. 即以伽利略事件而论，现在仍有不同的看法．所以比较详细地讨论这件事，仍有现实意义．

宗教裁判所在开始建立时是天主教廷侦察和审判异端的一个机构．1223年，教皇格里高利九世正式颁令成立宗教裁判所 (The Holy Office of Inquisition)，并任命由其直接控制的托钵僧为裁判官．15—16 世纪，宗教裁判所的注意力似乎集中到马丁·路德等人的宗教改革．当然不论新教旧教都反对日心说，但是一开始，他们并没有决定立即绞杀日心说．如果哥白尼他们承认，日心说只是一种假设，一种使得计算简化、结果也更精确的方法，更有利于历法的推算，那么，保留日心说自无大碍．但是如果事情发展到如布鲁诺那样，危及天主教的基本教义，自然又当别论．但是，科学的发展不可能接受某种妥协，到了伽利略的时代，这一矛盾必然爆发．

我们在上面说过，伽利略在开始时还没有打算公开向亚里士多德和基督教教义宣战．到了1615年夏，他写了著名的致塔斯卡尼女大公克里斯琴娜 (Grand Duchess Christina of Tuscany)的信，系统地、旗帜鲜明地发起了进攻．在介绍这一著名文献前，需要先说一下塔斯卡尼女大公克里斯琴娜其人．以佛罗伦萨为中心的意大利塔斯卡尼地区的统治者是美第奇(Medici)家族．这个家族自12世纪以来通过贸易、金融，成为据说是欧洲最富有的家族，说是富可敌国，绝非言过其实．这个家族里出现过两个教皇，两个法国皇后．当时的意大利，可谓诸侯林立：威尼斯和热那亚都是共和国，塔斯卡尼的统治者称号则

是大公 (Grand Duke). 这些地区相互之间, 连横合纵, 征战杀伐, 其内部则充满了你死我活的夺权阴谋, 真是盘根错节, 错综复杂. 他们根本不买教皇的账, 教皇的统治其实受到来自各方面的威胁. 但是天主教总算是罗马帝国的国教, 教皇总算是具有宗教的优势. 所以维护信仰教义的纯洁性, 与维护教皇的政治地位密不可分. 美第奇家族有重视科学和艺术的传统. 在这个家族统治下, 佛罗伦萨成为文艺复兴的中心、人文主义的中心. 文艺复兴的杰出代表米开朗琪罗就受到美第奇家族的支持. 当时的大公费迪南的父亲把伽利略一家请到了佛罗伦萨, 伽利略自己也一直得到这个家族的支持. 所以伽利略在与天主教廷产生严重矛盾时, 要写信给这位女大公(当时的太皇太后), 既表明自己的立场, 也是求助的意思. 伽利略既善于科学, 也善于关系学, 善于利用美第奇家族对他的支持, 他曾把《星空信使》一书题献给大公科西莫二世, 还把他所发现的木星卫星称为美第奇星, 望远镜的专利也奉送给大公. 但不论如何, 伽利略致克里斯琴娜的这封信, 总是一件十分重要的文献, 因为它清楚地表明了伽利略对基督教教义的基本立场.

这是一封很长的信. 一开始伽利略就提到他在天文学中的新发现并不只是为了反驳托勒玫的理论, 而反对他的人则把事情说得好像是伽利略自己“制造”了这些现象, 并且把它们“放在天上”, 其目的在于把天上的事搞得颠颠倒倒. “他们竭尽所能地想毁灭我和我的一切. 他们熟知我对天文学和哲学的观点. 他们知道, 在关于宇宙各个部分的安排上, 我坚持太阳是不动的, 而位于天体旋转轨道的中心, 地球则绕太阳旋转. 他们也知道, 我坚持这个立场, 不仅是通过反驳托勒玫和亚里士多德, 而是提出了许多反论据, 其中有一些是由于, 对一些物理效应的原因, 无法作其他解释. 还有一些天文学的论据是来自我的新天文发现, 明白地驳倒了托勒玫体系, 而与相反的假说令人信服地一致, 并证实了这些相反的假设. 可能是由于我的一些命题的真理性, 与通常见解不同, 使得只要他们仍只限于哲学领域, 他们的辩护就成为可疑的了, 所以这些人就感到不安, 而以宗教和圣经的权威装扮自己, 为自己的谬误造一个盾牌. 他们对于这些用他们完全不懂的反对论据做出的判断, 甚至听都不愿意听. ” 伽利略接着又说: “我首先想到, 理解圣经的真义, 并深信圣经决不会说出非真理的东西, 这种态度才是虔诚而又慎重的. 但是我也相信, 谁也不会否认, 圣经又是很深奥的, 会说一些真义和表面字义不同的东西. 所以在研究圣经时, 如果只是限于未加修饰的字义, 就会犯错……圣经这样写法, 是为了使粗野无知的人也能理解, (而对于有学问的人) 就需要睿智的解说者才能说明其真义……承认了这一点, 我想在讨论物理问题时, 不应该仅从经书的段落的权威性出发, 而**应该从感觉与必要的证明出发**(黑体字是本书作者加的, 下同), 因为圣经和自然现象都来自神意, 前者是圣灵的口授, 后者则是上帝旨意的奉行. 在圣经里, 许多事情为了常人能懂, 必须说得字面与真义不同.

大自然则与此不同，她是无情的永恒的，永远不会违反加于她的法则，丝毫不顾她的深奥含义与运行方式是否凡人能懂. 由于这个理由，**任何由感觉经验展现给我们的，或由必须的证明为我们证实了的物理事实，都不应该用来为圣经的某些段落作见证（更不说用圣经的某些段落给它们定罪了），因为圣经有时字面与真义不同.**”他还说：“**我不相信，同是一个上帝，既给了我们感觉、理性和智慧，又不让我们使用它们或其他方法来得到由此可得的知识. 上帝不会要求我们，在关于物的问题上，在直接经验对我们眼睛和心意的展示面前，或在必要的证明对我们的展示面前，否定感觉与理性. 特别是那样一些科学，圣经中几乎毫无痕迹（也没有结论），就更加是这样了. 例如在天文学上，圣经只是对金星还提了一两次.**”伽利略说. 如果上帝真正要对凡人讲宇宙的构造，怎么会是这样呢? 所以他又说：“由此可以得到一个必然的结论，既然圣灵并不打算教导我们，天是动的还是静的，它的形状是球形，是圆盘，还是伸展如一平面，地球是在中心还是在一边，圣灵就更不打算为我们解决同一类的别的结论了. 地球和太阳的运动就属于这一类事实. 圣灵没有断定应该站在哪一边. 既然圣灵有意地不管这些与最高目的（即拯救灵魂——本书作者）无关的命题，谁又能断言，必须站在哪一边，相信这一边是对上帝的信仰所要求的，而另外一边则是谬误的? 一种意见既然与拯救灵魂无关，怎么能说它是异端呢? 怎么能说关系到灵魂的拯救的事情，圣灵不打算教导人们呢? ”这里伽利略引述了一位著名的传教者引用的圣·奥古斯丁的一句话:“**圣灵的目的是教导人们怎样才能升天,而不是天怎样运行**.”总之,伽利略的立场非常明确:他旗帜鲜明地力求把科学从宗教的统治下解放出来.科学只能服从于现实,只能从感觉经验和理性出发,而不能屈从于任何权威,包括圣经的权威.这当然是天主教绝不能容忍的.

伽利略因为主张哥白尼日心说而受到天主教廷的注意是在1612年.1615年2月,有一个修士罗林尼(Niccolo Lorini)依据伽利略和他的朋友们的信件,就日心说问题向宗教裁判所告密.当时伽利略也向他在梵蒂冈的朋友写了长信,后来又写了上面讲的给克里斯琴娜的著名的信,为自己辩护.他自己也为此专程去了罗马.1616年宗教裁判所专门组织了一个委员会,研究如何对待日心说.会议正式确定,日心说在哲学上是荒唐的,在神学上至少是错误的,并且正式列为异端.哥白尼的《天体运行论》这时才被正式宣布为禁书.(其时距哥白尼去世的1543年已经73年了.)1616年2月26日,大主教贝拉尔明(Roberto Bellarmine)根据教皇保罗五世的命令召见伽利略,警告他不得再口头或书面传播哥白尼日心说.这位大主教,当时是最主要的神学家,以强力镇压异端而得到“异端铁锤”的称号.(附带说一下,当时利玛窦等人在中国传播天主教也是由他领导的.)不过教皇本人和贝拉尔明也都向伽利略申明,他并未受到宗教裁判所的审判和定罪,可见教廷当时尚未下决心立即镇压日心说.但是伽利略并不因此就稍有收敛. 1624年, 他又去罗马, 向当时的教皇乌尔班八世诉说, 并为日心说进一步辩护. 这位教皇, 在未就任前名字叫Maffeo Baberini, 是伽利略的朋友和"保护者 (patron)", 看来伽利略对天主教廷还有幻想, 而这位教皇似乎也给了面子, 允许伽利略写一本书讲解日心说, 条件是, 只能把哥白尼学说当作一种假说, 或者一种数学技巧来介绍, 而不得把它说成是一种得到证实的理论. 于是, 伽利略开始写他的最著名的著作《两大世界体系》并于1630年成书. 送经梵蒂冈审查后, 得到允许, 于1632年在梵蒂冈出版. 而且一改当时出版学术著作的惯例, 不是用的拉丁文, 而是用的意大利文. 这就鲜明地摆出了一副挑战的架势: 要诉诸广大的读者, 而不只限于教会圈子. 果然, 此书出版后, 立即在教廷的掌权的教士们中间掀起轩然大波, 而此书在几个月以后立即遭到封杀. 伽利略本人也被送交宗教裁判所受审. 那时, 塔斯卡尼大公科西莫二世已经去世, 继位的新大公, 也因美第奇家族日趋衰败而无法给他支持. 乌尔班八世也不再为他说话. 关于其中的经过, 至今仍有不少同情天主教廷的种种说法(特别是天主教的网站), 但是当年的档案全在, 白纸黑字是谁也不能否认的. 事实是, 1633年伽利略被送上了宗教法庭. 那时, 他已届69岁高龄, 又体弱多病. 同年6月22日, 宗教裁判所作了如下判决: 伽利略因以下诸款曾于1615年受到训诫: 坚持某些人所教导的理论, 即太阳是不动的, 而且是世界的中心, 地球则是运动的, 而且有昼夜运动; 用这个理论教导学生; 就此与德国某数学家书信往来;

曾写了题为《论太阳黑子》的信件, 并在其中发展了这一学说, 肯定其为真; 以此来回应圣经中一再反对的理论, 按自己的意思曲解圣经……追随哥白尼的违反圣经真意与权威的立场, 所以本廷正式判处监禁伽利略……并且保留对此判决减轻或更改的权力. 伽利略被迫写了悔过书. 不论对于这次审判有多少说法, 或者以某种方式为梵蒂冈辩解, 有一点是很清楚的: 关于哥白尼的案件, 虽然不论是天主教还是马丁·路德或者加尔文的新教都是站在圣经的立场上坚决反对日心说的, 终究等了73年才对哥白尼的书采取行动, 是因为当时教会方面还没有感到日心说对他们是致命的威胁, 但是到了伽利略, 他的书只出版了几个月, 就急急忙忙判处重刑, 可见梵蒂冈已经处在风雨飘摇之中. 在不利的政治经济环境下, 在宗教内部的反对力量也风起云涌之时, 不得不出"重拳", 也只是表明了自己的虚弱.

《两大世界体系》一书既然是伽利略的基本著作, 我们本应详细介绍. 但是由于它主要涉及如何论证日心说的问题, 而伽利略的基本论据前面都已讲到, 至于他对亚里士多德的批判需要从哲学上专门研究, 所以我们不得不遗憾地略去这个问题.

后来这个判决又减轻为监禁在家, 于是伽利略住到了自己的女儿在阿尔切特利的家里. 但是他并没有停下来, 而是写出了另一部名著《两门新科学》. 这本书, 我们已经在前面详细介绍过了. 可是这本书再也不能在意大利出版, 而是偷运到梵蒂冈鞭长莫及的荷兰去出版. 1642年1月8日, 伽利略以78岁高龄辞世, 结束了他壮丽的一生.

但是科学真理的力量是无可抗拒的. 1741年, 当时的教皇本笃十四世, 就批准了一家出版社出版伽利略全集. 1979年教皇约翰·保罗二世命令成立一个小组 (其成员是一批曾获诺贝尔奖的科学家, 而且不一定是基督教徒) 重新研究伽利略案件的档案, 并向他提出报告. 报告是1992年10月31日提出的. 梵蒂冈承认了1633年对伽利略的判决是错误的. 但是与当时的一些新闻报道不同, 梵蒂冈并没有干净彻底地承认, 是地球绕着太阳旋转. 他们故意含糊其词地说, 既然1741年梵蒂冈就已经批准出版伽利略全集 (哥白尼的《天体运行论》到1835年才解禁, 当时所有关于日心说的著作都解禁了), 问题就算解决了. 倒是报告中的一段话, 十分值得玩味: "伽利略在他的科学研究中, 体认到造物主的存在, 造物主在他的灵魂深处激励了他, 预先赋予他以直觉而帮助了他". 教皇约翰·保罗二世本人还说, "伽利略是一个虔诚的信徒, (在科学真理与信仰真理的关系上) 他比反对他的神学家们更有远见. " 这个历时359年的公案, 是真正解决了吗? 教皇约翰·保罗二世本人说得对, 问题的实质就在科学真理与信仰"真理"的关系上. 科学真理的基础是现实世界, 除了实践、感觉经验和逻辑推理, 它不承认任何禁区、任何权威. 正因为如此, 它才有是否真理的问题. 宗教承认神的至高无上的权威. 按照基督教的看法, 人的灵魂和信仰, 是上帝赋予的, 人是不能置一词, 不能争论的.

上面引用了圣·奥古斯丁的话，简单说就是：圣经管人的灵魂升天，科学家管天的运行．所以教皇约翰·保罗二世的话，简单说就是：当时的神学家管宽了．但是，梵蒂冈终究要管一些事情．义正词严，理直气壮，根本无所谓平反．2006年6月霍金来访北京时，媒体报道说他曾经参加一次梵蒂冈组织的关于宇宙学的会议，教皇约翰·保罗二世就认为，这里面许多问题是信仰问题，是不该研究的．而霍金主张应该研究，他风趣地说，他幸而逃脱了宗教裁判所的注意．其实，当今这类科学问题还很多，除了黑洞、大爆炸等之外，最突出的是生物的达尔文进化论与圣经创世纪神创论之争，在美国有些州里闹上了法庭，虽然打着民主、人权、言论自由的旗号，这些法庭看起来总有点像是宗教裁判所．还有如克隆技术问题、干细胞问题、计划生育和人工流产问题，梵蒂冈从来是“义（基督教教义）不容辞”地介入的．

这些问题确实涉及科学以外的法律、伦理各方面，因此也就有必要从更深的层次上来看待．其实这里涉及的远不止法律、伦理道德、社会经济等方面的问题．下面引用歌德在《关于色彩的历史》一书中关于哥白尼日心说的评论，对人是很有启发的．“在所有的发现和见解中，没有一种比哥白尼学说对于人类的精神有更大的影响．一旦知道了世界是圆的、自我完备的，就会要求人放弃作为宇宙中心这一巨大的特权．在承认了这一点以后，人类可能反而比过去更加需要仍未化为烟云的东西;即第二个天堂,无邪的世界,诗和怜悯的世界,感官的证言,对于诗意的宗教的忠诚的信念.并不奇怪,人们不希望所有这一切都逝去,(所以)人们以各种可以想到的方式来反对一个理论(指哥白尼日心说),尽管这理论给予接受它的人以一种(他)迄今还不知道的,甚至梦中也想不到的思想自由和心灵提升的权力与挑战."

# 五、结束语

人类经过一两千年的努力, 终于认识了太阳系的运动规律. 不妨认为它们集中地表现为开普勒的三大定律. 但是, 为什么会有这三个定律? 亚里士多德关心的是事物的"为什么", 他的回答则是形而上学的思辨. 天主教关心的是树立上帝的权威, 它可以回答说这一切都是上帝的旨意. 但是, 人们经过一两千年的探索, 特别到了伽利略, 更加明确了应该探讨更深层的规律. 与这种更深层的探讨比较, 开普勒的三定律只是"惟象定律". 这个深层规律必然是数学规律. 而当时的数学, 以欧几里得几何为代表, 已经远远不够了. 因此, 人类的实践和探索, 呼唤着用一种新的数学来表达这个新的更深层的规律. 这种新数学集中表现为微积分. 这个新规律就是万有引力定律. 牛顿则是科学的新时代的旗手.

所以, 这本小书确实还没有写完. 还需要向读者介绍牛顿和他的万有引力理论. 请参看《遥望星空 (二)》

读者意见反馈

为收集对教材的意见建议，进一步完善教材编写并做好服务工作，读者可将对本教材的意见建议通过如下渠道反馈至我社。

咨询电话　400-810-0598

反馈邮箱　hepsci@pub.hep.cn

通信地址　北京市朝阳区惠新东街4号富盛大厦1座

　　　　　高等教育出版社理科事业部

邮政编码　100029